新农村建设丛书

家政服务技术

孙晓红　潘月游　主编

吉林出版集团股份有限公司
吉林科学技术出版社

图书在版编目（CIP）数据

家政服务技术 / 孙晓红等编

. —长春：吉林出版集团股份有限公司，2007.9（2025.1重印）

（新农村建设丛书）

ISBN 978-7-80720-738-2

Ⅰ. 家... Ⅱ. 孙... Ⅲ. 家政学—基本知识 Ⅳ. TS976.7

中国版本图书馆 CIP 数据核字（2007）第 142262 号

家政服务技术
JIAZHENG FUWU JISHU

主　　编	孙晓红　潘月游	
责任编辑	李婷婷	
开　　本	850mm×1168mm　1/32	
字　　数	136 千	
印　　张	5.25	
版　　次	2007 年 9 月第 1 版	
印　　次	2025 年 1 月第 31 次印刷	
印　　刷	三河市元兴印务有限公司	

出　　版	吉林出版集团股份有限公司
	吉 林 科 学 技 术 出 版 社
发　　行	吉林出版集团股份有限公司
社　　址	吉林省长春市福祉大路 5788 号
邮　　编	130000
电　　话	0431-81629968
电子邮箱	11915286@qq.com
书　　号	ISBN 978-7-80720-738-2
定　　价	35.00 元

出版说明

　　《新农村建设丛书》是一套针对"农家书屋""阳光工程""春风工程"专门编写的丛书，是吉林出版集团组织多家科研院所及千余位农业专家和涉农学科学者倾力打造的精品工程。

　　丛书内容编写突出科学性、实用性和通俗性，开本、装帧、定价强调适合农村特点，做到让农民买得起，看得懂，用得上。希望本书能够成为一套社会主义新农村建设的指导用书，成为一套指导农民增产增收、提高自身文化素质、更新观念的学习资料，成为农民的良师益友。

目　　录

第一章　家政基础知识

家政服务是为他人提供家务劳动服务的一项工作。从事家政服务工作是人们择业谋生的重要途径。

第一节　家政服务人员的职业道德

家政服务是以个体形式进入私人家庭，为雇主提供满足个性化要求的服务，这项工作对服务人员的道德素质要求特别高。因此，一个称职的家政服务人员，不仅要有相应的操作技能，而且必须具备良好的道德修养和职业操守。

一、遵纪守法，讲文明，讲礼貌，维护社会公德

遵纪守法是社会主义国家公民应有的责任与义务，是一切公民及从事任何职业的劳动者都必须具备的基本道德。

讲文明、讲礼貌是文明执业的问题。家政服务人员进入家庭后，虽然在这个家庭中，但又不完全是这个家庭的成员。因此，文明执业十分重要。一方面家政服务人员要讲文明、讲礼貌，正确地对待所服务家庭中的每一个人，无论是小孩、老人还是家庭的朋友、亲戚，在需要家政服务人员为他们服务时，都要一视同仁、以诚相待。另一方面，遇到雇主家庭内部发生矛盾时，一般情况下家政服务人员不要参与进去，更不能偏袒一方或说三道四，需要劝解时也只能点到为止。

二、自尊、自爱、自信、自立、自强

坚持自尊、自爱、自信、自立、自强，这要求家政服务人员在为雇主家庭服务时，既要尊重雇主，完成应该完成的任务，同

时也要善于保护自己，不做不能做也不应当做的事情。坚持"五自"精神是维护自身人格和尊严，做好家政服务工作的前提条件。

三、守时守信，尊老爱幼，勤奋好学，精益求精

首先，守时守信是一种品质，是一个人立足社会的基础。家政服务人员只有具备这种品质，才能取得雇主家庭的信任，也才能做好各项家政服务工作。其次，很多家庭都有老有小，而家政服务人员的具体任务，往往是照顾老人或看护小孩。要完成工作任务，就必须有真正的爱心。再次，无论是家事管理，还是洗衣、做饭，都包含着大量的知识和技术技能。家政服务人员只有勤奋好学，处处留心，不耻下问，才能掌握管理家庭事务的知识，学到为家庭生活服务的技术技能。最后，雇主聘请家政服务人员的目的是希望提高家庭生活质量。要满足这些需求就必须精益求精，在实践中不断提高自己的工作能力和服务水平，成为优秀的家政工作者。

四、尊重雇主，热情和蔼，忠诚本分

我国是社会主义国家，人与人在人格上完全平等。每个人对他人的错误行为和不平等意识都有批评、纠正的权利。如果雇主的要求超出他应有的权利，家政服务人员有权利以理相对，不予执行；同时，家政服务人员和雇主家庭成员的关系是平等互助的工作关系。家政服务人员在为雇主家庭生活服务时并不需要低声下气、唯命是从。但是，作为为家庭生活服务的家政服务人员必须尊重雇主，热情和蔼，忠诚本分。这种服务态度应成为家政服务人员的行为规范。家政服务人员是为满足雇主家庭生活需求而来，因此必须尊重这个家庭的各种习惯和需求，并尽力满足各种需求，以完成自己的任务。尊重雇主可换来相互尊重，热情友好将增进家政服务人员同被服务的家庭成员的友谊，和蔼可亲会使家庭成员增加对家政服务人员的亲切感，忠诚本分实际上就是老实可靠，具有这一品质会增加家政服务人员的可信度。在为家庭服务中充分发挥和展现这些优秀品质，家政服务人员就一定能取得好成绩，成为优秀的家政服务人员。

第二节　家庭安全与卫生

一、家庭防火、防盗与防意外

（一）家庭防火

1. 家庭防火的基本原则

（1）禁止将未熄灭的烟头等带有火种的物品扔倒在垃圾桶中或垃圾道内。

（2）安装和使用电器设备，必须符合相关技术规范，并采取必要的防火措施。

（3）禁止埋压、圈占、损毁消防设施、设备和器材，禁止将消防设备挪作他用。

（4）不得在公共通道、楼道、楼梯、安全出口等处堆物、堆料或者搭建棚屋。

（5）禁止在阳台上堆放易燃、易爆物品。

2. 防火工作的重点在于发现和消除隐患。要经常做好以下工作：

（1）检查电线有无磨损、漏电，插座有无损坏。如存在隐患应请专业人员予以修理。

（2）核定家庭电器用电量是否超负荷。如存在用电超负荷的问题，应立即予以解决。

（3）家庭中不收藏易燃、易爆物品，如汽油、高纯度乙醇、烟花爆竹等。用火后当人离开时应仔细检查火种是否已经熄灭。

（4）做饭或烧水时，人不宜离开时间太长。易燃物应远离火源。

（5）任何人均不宜躺着休息时吸烟。

（二）家庭防盗

（1）独自一人在家时，如有陌生人来访，应首先问清来访人身份，如雇主未明确交代，不应开门。

（2）外出时应关好门窗，检查门锁是否锁定。

（3）平时即使家中人很多，也不宜敞开大门。

（4）如果雇主交代将有某人于某时间来访，当客人来时要主动热情地接待，但如果客人未走，自己切忌离去，以免发生意外情况。

（三）意外情况的处理

1. 自来水管破裂 当自来水管破裂时，应首先将家中的自来水总闸门关闭，随后检查破损位置，发现问题后能够自己修理的应尽快修复，以恢复供水。自己无法修理的可通知物业部门修理，或请专业人员修理。

2. 下水管堵塞、返水 首先应停止用水，将返水口堵塞。查找堵塞原因，能够自己处理的尽快疏通，否则应请专业人员上门修理。

3. 老人或孩子被反锁在室内 未带钥匙或即使带着钥匙也无法打开房门时，在确定无法进入房内后，可立即就近打电话通知雇主一同想办法解决，也可请邻居帮助；在保证安全的情况下，可采取破门、窗的方法解决。如情况较为紧急可拨打"110"紧急求救电话，请民警帮助解决。

（四）幼儿在公共场所的安全护理

（1）进入公共场所后要随时跟在孩子身边，过马路一定要牵住孩子的手，绝对不能让孩子自己过马路，绝对禁止在马路边游戏。

（2）用手推车推孩子过马路时，先将孩子的推车靠近人行道，等到交通信号显示可以通行时，再推孩子过马路。

（3）以身作则，从小培养孩子的公共交通意识。过马路时，即使马路上没有车辆，只要是红灯，就要等到绿灯亮时再带孩子通过。

（4）带孩子到公共场所玩耍时，要培养孩子不随便捡拾杂物的习惯，要远离环境污染区。

（5）在乘坐电梯、升降机、汽车、公共电汽车、火车或地铁的时候，一定要牵住或抱住孩子。

（6）从小教导孩子遵守公共道德，进入公共场所不大声喧哗，乘坐公共电汽车、出租车时，不要让孩子站在座位上或在座位上跳来跳去，不要让孩子将头或肢体伸出车窗、门外。

（7）严禁将孩子独自留在公共场所中游戏，更不能把孩子托付给陌生人看管，以免发生危险。

（8）开关门窗要小心，防止夹着孩子的手，各种家具的抽屉用后要上锁，避免孩子或他人开关时不小心夹住手。冰箱在不用时要随时锁住，以防幼儿打开门，进入冰箱或冰柜，把自己反关在里面。

（9）室内地面要防滑，要确保无活动的地板砖、地毯。家中若有婴幼儿，最好不要把玻璃制品或装饰物放于低处，以免损坏或伤着孩子。

（10）家中的细小或贵重物品，如金项链、戒指、耳环等要存放于婴幼儿触摸不到的地方，以免损坏，或被婴幼儿放入嘴里。

（11）绝对禁止让婴幼儿独自一人进食花生、瓜子及各种豆类制品等，以免孩子吞咽时误入气管，或把这类食品塞入鼻内、耳道内引起事故。

（12）防止孩子攀爬阳台栏杆，以免从栏杆缝隙中掉下。如居住于高层建筑禁止抱孩子在阳台或窗前向楼下观望，以免不小心掉下。

（13）在给孩子洗澡时，要先调试好水温，中间需要加水或换水，应先把孩子抱开，放好。调试好水温再洗，以免发生意外。

（14）火柴、打火机、香烟、烟头、烟灰缸、花生米、爆米花、硬糖果等"危险"物品要存放在孩子触摸不到的地方。

各个家庭的情况不同，但只要家中有未成年孩子，都要时刻注意对每个角落、各种物品进行认真检查。任何对孩子可能产生危害的隐患都要想办法消除。

（五）防止孩子被诱拐

坏人诱骗孩子的方法很多，在日常生活中，应当教育孩子当有不认识的人主动送玩具或糖果时，应该予以拒绝。当父母外出，家中只有孩子一个人时，要教导孩子不要开门，更不能跟外人随便外出。许多犯罪分子就是以带孩子去找其父母与家中亲人为由，再施以小恩小惠而得手的。可以和孩子商量一些只有家人才知道的暗语，告诫孩子不知道这些暗语的人，一律不要和他一块儿到陌生的地方去。另外，也可以和孩子一道表演小节目，由成人扮演骗子，运用一些拐骗伎俩与孩子进行演练，让孩子实际感受，并对有关问题及时予以处理。

一旦孩子长时间没有回家，家政服务人员首先要镇定。先考虑孩子可能去的地方，并立即去寻找。在寻找过程中，家中最好留一个人，以免孩子突然回来，因家中无人而发生意外。若孩子失踪超过 12 小时，应立即与公安机关取得联系，请求警方查找。孩子找回后，不要对他过分训斥，而应与他一道分析问题，指出错误之处，以求改正。同时应经常鼓励孩子将日常生活中碰到的疑问向家长倾诉。要取得孩子的信任，使孩子心里知道，不论遇到什么难事，家政服务人员都会和他站在一边，真心地帮助他。

（六）防止孩子迷失

家政服务人员自工作之日起就应该制定一套防止孩子迷失的防范措施。首先，应让孩子熟记家里及直系亲属的电话和住址，以及回家的相关交通路线；并告知孩子一旦有危险时，怎样打家里电话，或及时打"110"电话请警察叔叔协助解决困难。为了强化孩子对紧急事情的应变能力，应该经常和孩子玩一些游戏，以增强孩子的感性认识，如在人多混杂的场所，孩子突然找不到家长怎么办？让其在趣味活动中掌握必要的应急求救方法。若孩子太小，无法准确地判断他是否能应付危险情况时，不妨在他外出前，先将家中及直系亲属的电话号码、详细住址及姓名做成卡片，挂在孩子胸前或将其缝制在孩子衣服上，以防孩子万一发生迷失，或慌乱时忘记。

另外，如果服务人员带孩子出去游玩，防止孩子迷失的最好办法是让孩子不离开成人的左右，尤其是人多的场所，如商场、集贸市场、公园等处。

二、人身安全与自我保护

（一）对不良行为的识别与应付

怎样区别社会中人的善与恶是一个复杂的问题。家政服务人员要予以辨识，以保护自己的尊严和人身权利不受侵犯。

（二）自我保护原则

（1）不被金钱和体面的工作所诱惑。

（2）不与不相识的人乱拉关系。

（3）不被老乡的言辞迷惑，要知道还有许多老乡骗老乡的事件经常发生。

（4）外出应与雇主请假，不在雇主家和家政公司以外的地方住宿，天黑之前应回到雇主家中或家政公司。

（5）注意交通安全。

（6）不畏强势与暴力，敢于同坏人坏事做斗争，但要讲求方式方法，尽量保证自身及他人的生命安全。

（7）对下列情况应及时向有关部门反映并做适当处理：

①雇主违约。

②雇主虐待自己。

③雇主无居住条件。

④雇主言行下流。

⑤同性雇主经常不在家居住。

⑥长期收不到家书和公司信息。

⑦雇主无故拖欠工资或克扣工资。

（8）认真学习，努力提高自身修养和法律意识。

三、意外触电及急救措施

（一）触电的原因

触电的原因很多，如接触了磨损的电线、用湿布擦灯口、在电线上晾晒衣服、自行安装电器插座、插座电门设置在小孩能摸到的地方，又不加防护。还有雷雨天在大树下、高大建筑物旁避雨，或在山野高地上急跑，均有受电击的危险。

（二）急救与护理

首先迅速切断电源，进行就地急救，以争取时间，如关闭电源开关、拉断电闸、拔去电源插头等。必须用干燥的木棒、竹竿、塑料棒、皮带、绳子等不导电的物品拨开电线、切断电源。千万不能用手直接去拉开触电者，因触电者本身就是良好的导电体，直接用手去拉，同样会引起自身触电。对心跳、呼吸均已停止的触电者，必须在现场马上进行人工呼吸及胸外心脏按压，送医院途中仍要坚持。

四、煤气中毒的急救与护理

（一）煤气中毒的原因

引起煤气中毒的原因很多，如使用煤炉不当，煤的燃烧不完全，煤炉没有装烟筒或烟筒漏气、倒风，煤气管道损坏等，使一氧化碳气体在室内积聚，再加门窗紧闭，通气不良，就可引起煤气中毒。由于一氧化碳是无色、无味、没有刺激性的气体，即使空气中含量超过正常值，也不易被察觉，因此容易造成中毒。中毒轻的病人感到头痛头晕、心悸、恶心、四肢无力，严重者可有呕吐、抽搐、大小便失禁或昏迷。中毒较深的病人面部及口唇可出现樱桃红色，但有的病人表现不明显。在短时间内体内吸入高浓度一氧化碳时，中毒者面色苍白、青紫。

（二）急救与护理

发现煤气中毒的病人后，首先要把病人抬到室外空气流通的地方，使病人吸入新鲜空气，排出一氧化碳，但要注意保暖。症状轻的，可给其喝热浓茶，不但可抑制恶心，还有助于减轻头痛。头痛重的可给其服去痛片。一般1～2小时即可恢复，不必上医院。症状严重的，有恶心、呕吐、神志不清甚至昏迷的，应及时送医院抢救。

五、紧急呼救常识

（一）紧急呼救方法

无论哪一种紧急事件发生，均应立即拨打相应的紧急呼救电话，并应在电话中告知对方事件发生的地点、时间、事件情况概要、联系电话。火情电话：119；报警电话：110；急救电话：120。

在我国的部分地区，如北京的上述紧急呼救电话已实现全面连网，一旦发生紧急事件，无论拨打哪一个电话均能够得到及时的服务。

（二）注意事项

家政服务人员如果发出的紧急呼救内容是雇主家中之事，在发出紧急呼救后，除应做好基本的应对外，还应立即将事件的情况通知雇主或其亲属。

练习题

1. 什么是家政服务？家政服务人员应具备哪些职业道德？

2. 请说说日常生活中可能会出现哪些危险或意外，应该怎样预防？如果危险或意外已经发生应立即采取哪些应对措施？

第二章　家庭礼仪

礼仪礼节是社会生活中，由风俗习惯形成的为人们所共同遵守的仪式或形式。每个社会和地区，哪怕是在各自小小的区域里交往时，都有约定俗成的礼仪规范。懂礼仪礼节的人比不懂礼仪礼节的人更容易融入社交场合，更容易被别人所接受，受人尊重。

生活中处处存在礼仪礼节，平时所说的"入乡随俗"，就是进入不同的社交场合，要尊重为不同社会背景人士所认可的礼仪规范。家政服务人员应该不断提高自身素质和文化修养，使自己不仅能提供优质的物质服务，也能提供规范的礼仪服务。

第一节　言谈举止

一、接待来客

（一）接待准备

1. 布置接待环境　家庭中接待客人的地方是一户家庭对外的窗口，要尽量把接待客人的房间布置得清洁、明亮、整齐、美观，营造良好的待客环境，让客人一进门就感到家庭的洁净和温馨。为了使室内显得生机盎然，可在窗台、屋角摆些盆景花卉。

2. 准备接待物品　备有衣帽架或衣帽钩，随时准备好干净的拖鞋及招待客人的茶壶、茶杯、茶叶、烟灰缸等，有时还要根据雇主的要求准备水果、小吃等。

3. 做好心理准备　要从心理上尊重宾客，善待宾客，待人接物热情开朗、温存有礼、和蔼可亲，不要让客人一进门就对家政服务人员及雇主家都留下"拒客"的不良印象。

（二）接待工作

1. 开门　当听到门铃声或敲门声时，要迅速应答，放下手头的工作，做好开门的准备。在开门前，通常要先问清来访人姓名、与被访者的关系，然后再去开门迎客。如果来访者并不认识雇主，或仅是上门做推销的，或雇主事先未交代，则不要开门，更不用接待。如果是曾经来过雇主家的客人，但主人不在家，则可以很客气地告诉他雇主现在不在，何时能回来，待雇主回家后再请光临或帮对方记下留言等。

2. 问候和迎客　在开启大门后，要以亲切的态度、微笑的面容先向客人礼貌问候，如"您好""欢迎您"，对认识的客人也可以直接称呼，如"张先生，您早。""李阿姨，欢迎您。"等。如果有不认识的人，可先问明对方姓名，然后立刻以称呼问候，并向雇主禀报。一般情况下不必与客人握手，如果客人把手伸过来，应顺其自然随之一握，并请客人快进屋。如果客人需要脱外衣、放雨伞、换拖鞋，应主动帮助照应、拿挂，使客人有宾至如归的感觉。如果家中有小孩子，应嘱咐孩子向客人问好。如果客人手中有重物，招呼过后，应接过重物帮助放好。如果客人手中提的是礼物则不能主动上前接过。

3. 招待　在请进让座接待中，要同时有"请""让"的接待语言和相应的手势，并立即请客人落座。当然要根据实际情况选择座位较好的沙发、椅子。客人来到后，家政服务人员唯一的任务就是满足客人的需要，不要把客人冷落一旁，要使客人感到家政服务人员处处为他考虑。客人落座后，家政服务人员应担负起招待的任务，首先应端茶递水，这是一般家庭的习惯。如果是盛夏，也可以送上清凉饮品。沏茶倒水时，如有可能，可以提出几种饮品请客人选择。首次沏茶入杯不要倒得太满，通常七分满即可。送茶时最好使用托盘，将杯放入托盘内，以齐胸的高度捧进，先将托盘放在桌上，再取出茶杯，双手敬上，先宾后主，并轻声招呼："请用茶！"。注意要将茶杯放在安全的地方，且杯耳朝着客人。如果需要将茶壶放置在桌上，应将茶壶嘴对外而不能对人。退出时，通常手持托盘，面对客人倒退几步，再转身背对客人静静退出。如果送茶时房门已关，应先敲门，然后说声"对不起"，再进屋。如果客人停留时间较长，应主动为客人续水。续水时，要将茶杯拿离茶桌，以免倒在桌上或弄脏客人的衣服。别人谈话时，尽量不要在屋里走动、干零活。在接待过程中，还可以根据雇主的指示为客人送上些水果、小吃等。如果客人带着孩子，应给小孩取一些糖果和玩具，并可以让雇主家的孩子与客人的孩子一起玩耍。如果雇主会客带着小孩不方便时，家政服务人员可请示雇主："您若没有什么事，我可以带孩子到别处玩，以免妨碍您；若有事，您可以随时叫我。"当得到雇主的同意后，应对客人礼貌示意，随后带孩子去别处玩耍。快到用餐时间时，应先请示雇主是否要备餐。请示时，要将雇主请到别处再问，并要了解清楚饭菜的特点和丰盛程度，切忌当着客人的面做上述请示。如果需要备餐，应主动按要求准备饭菜。如果有条件，饭后应准备些水果，洗净或剥皮后放在客厅的茶桌上供客人享用。

4. 送客　如果客人提出告辞时，家政服务人员要等客人起身后再随主人相送，切忌没等客人起身，先于客人起立相送，这是很不礼貌的。"出迎三步，身送七步"是迎送宾客最基本的礼仪。因此，每次待客结束，都要以将"再次见面"的心情来恭送对方回去。通常当客人起身告辞时，家政服务人员应主动为客人取下衣帽，帮他穿上，同时选择合适的言辞送别，如"请慢走"等礼貌用语。如果客人刚走出，就"砰"的一声关上门是很不礼貌的。尤其对初次来访的客人更应热情、周到、细致些。当客人带着较多或较重的物品时，送客时应帮客人代提重物，并按照引导宾客的礼节送客。通常送客可考虑一般住户送到大门口，高层住户送到电梯口。与客人在门口、电梯口或汽车旁告别时，要目送客人上车或离开，要以恭敬真诚的态度，笑容可掬的表情鞠躬或挥手致意，不要急于返回，应待客人从视线中消失后，或电梯门关闭后，或车离开视线后才可结束告别。

二、接打电话

（一）听到铃声，快接电话

铃响后，应马上放下手头的工作去接听电话，让对方等待较长时间才接听，这是对对方的不尊重，会使对方感到不快。如果确实不能马上接电话，拿起听筒应先说声："对不起，让您久等了！"

（二）先要问好，礼貌应答

拿起电话，要以温和的语气先问好，也可以报上雇主的姓，如"您好！这里是王家。"然后再问清对方要找哪一位及对方的尊姓大名，如"请问您找哪一位？""请问您怎么称呼？""请您稍等。"等。切忌以急躁不耐烦的音调和粗鲁的言辞询问应答，如在电话中向对方粗声粗气地说："喂！找谁？""你是谁？""你等着啊。"这种话都是很不礼貌的，会使雇主家给对方留下不好的印象。如果对方问你是谁，你要清楚地告诉对方，"我是他家的服务员"，不要躲闪或不回答。在与对方通话时要认真聆听，不要随便打断，并要语气温和地应答，不要默不作声，一点反应也没有。对话中尽量运用文雅的词汇和礼貌用语，并要将话语讲得缓慢些、清楚些，让对方听明白。结束通话时也要说些告别语，如"再见。""谢谢您来电话。"并在对方挂断电话后再轻轻放下听筒。就是接到打错的电话，也要心平气和地告诉对方"您要的电话错了。"而不能抱怨对方。

（三）备好笔纸，做好留言

如雇主不在家，要清楚地告诉对方，如说"对不起，他（她）现在不在家。"这时要注意不应该先询问对方姓名，再告诉对方雇主不在，这样做会让对方怀疑雇主实际在家。若来话方有事相告，家政服务人员要协助对方为雇主做好留言，如说："我能帮您记一张留言吗？"通常记下对方的姓名、电话号码、来电话时间，记下对方找雇主家的哪一位，记下留言的主要事项，是否需要回电话，以便雇主回来后明了或继续与对方联系。

（四）打出电话，简短明了

先将要打的电话号码、要找的人的名字、要说的事情搞清楚，准备好再拨叫。电话接通后，应先说："您好"，再询问要找的人是否在，随后，如对方要求，可报上自己的姓名。电话中联络事情要简短明了，不要无休止地聊天。要打私人电话或要打收费电话，应先向雇主说明，得到允诺后再打。

三、行为姿态

（一）得体的姿态、举止

由于从事家政服务的人员绝大多数为女性，所以，此处主要介绍女性家政服务人员应有的姿态、举止。

1. 站姿　直立站好，双腿并拢或分开不过肩宽，挺胸收腹，腰背挺拔，使头、颈、腰成一直线，切忌站得东倒西歪，驼背凸肚，左右晃动，含胸撅臀。站时两肩要放松，稍向下压，双臂自然下垂，抬头平视，微收下颌，切忌探头斜肩，缩脖耸肩。站立时，可以双手相握，放在前面，不要抱在胸前或叉腰。与人谈话时，不要扭动身子，不要东张西望，也不要斜靠门框和墙边。

2. 坐姿　落座要"轻稳"，从容地走到座位前，再转身落座。穿裙装时要用手拢一下裙子，并注意双膝要并紧，体现出庄重，切忌落座风风火火，双腿大开。坐下后要上身挺直，不要东倒西晃，前倾后仰。与人交谈时要抬起头，面向对方，神态自然，彬彬有礼，双手可以互叠放在大腿上，不要跷腿、抖动和做一些不雅的小动作。坐的时间长，可以更换一下坐姿，如两脚交叉，小腿前后分开，侧身坐等，但一定要注意双膝不分开。

3. 走姿　走路时头正颈直，挺胸收腹，重心稍靠前，脚的移动应该彼此平行，跨步不宜太大，两臂自然前后摆动，不要弯腰驼背、晃肩摇头或两边扭胯。手腕不要离开身体，手掌向着体内，以身体为中心适度前后摇摆。脚步要轻快有节奏，不要拖拖拉拉或外撇内拐，脚跟落在一条直线上。若有背包或手提袋，要背好或提好，不要夹在腋下，也不要甩来甩去。

4. 举止、动作　举止、动作恭敬优雅，大方得体。如"请进""请坐"的手势做得舒展大方，"敬茶续水"的动作恭敬从容。在他人面前，不做过激、奇特怪异或有损自我形象的动作。

5. 公共场所中的行为　在行为举止中还要讲究公共道德，在公共场所要自觉维护公共秩序、公共设施、公共卫生、公共安全。

（二）注意事项

1. 时刻注意自己的各种姿态　改正站姿、坐姿、行姿中的不良姿态。

2. 修饰避人　维护自我形象的动作应避开他人的耳目，到"无人之处"进行。主要表现为：①不在他人面前整理衣物，如穿脱衣服、整理内衣、提袜子、放鞋垫等。②不在他人面前化妆打扮，如梳头、抖动头皮屑、描眉抹眼、涂口红、照镜子等。③不在他人面前"拾掇"自己，不做不雅动作，如抠鼻孔、挖耳朵、搓泥垢、搔痒、抖腿、脱鞋抠脚、剔牙缝、修指甲等。④礼貌地处理生理行为，若打喷嚏、咳嗽、抹鼻涕、打哈欠时应用手帕、纸巾捂住口鼻，面向旁边，而且应向旁边的人说声"对不起"，表示歉意。

四、说话文明

（一）称呼得体

见到熟人、客人或与人讲话前要先有称呼，且称呼符合自己的身份。家政服务人员到了雇主家里，应该把用户看做自己的亲人，在称呼上应按年龄、辈分称呼雇主家的成员。如对年轻的夫妇可称大哥、大姐，年长些的可称叔叔、伯伯、姑姑、阿姨，并按辈分随雇主称呼他们的长辈和亲友。

（二）交谈语言准确、明了

说出的话能确切表达自己的意思，能让别人明白并与之交流。

（三）说话诚实

不虚假，不浮夸，不随意乱说。

（四）能自觉运用日常礼貌用语

1. 问候语　用于见面时的问候。如"您好！""早上好！""欢迎您!""好久不见,您好吗?"等。问候时表情应该自然、和蔼、亲切,脸上带有温和的微笑。

2. 告别语　用于分别时的告辞或送别,如"再见!""晚安!""欢迎再来!""明天见。"等。每次见面结束,都应以"希望再次见面"的心情来向对方告辞或恭送对方离去。

3. 答谢语　答谢语应用的范围很广。有时表示向对方的感谢,如当别人帮了你,应该说"非常感谢。""劳您费心。""谢谢您的好意。"等。有时表示向对方的应答,如"不必客气。""这是我应该做的。"等。有时还能用在拒绝时,如对不想吃的菜拒绝时可以说:"不,谢谢!",而不能说:"我不要。"或"我不爱吃。"

4. 请托语　请托语常用在向他人请求时。如"请问。""拜托您帮我个忙!""麻烦您关照一下。""请让一下。"等,说请托语时首先要尊重对方,语气要委婉谦恭,不要用强求或命令的态度和语气。

5. 道歉语　做了不当的或不对的事,应该立即向对方道歉。如说"对不起,实在抱歉。""请原谅。""失礼了。""真是过意不去。"等。如果不经意打搅了别人或是打断了别人的话,应该说"对不起,打扰了。""请不要介意。""对不起,打断一下。"等。在他人面前说道歉语不但不会有损家政服务人员的面子,反而会使别人认为家政服务人员很有教养。

6. 征询语　当向别人询问要为其服务时常用征询语。如"需要我帮忙吗?""我能为您做些什么吗?""您有什么事吗?""您需要什么吗?"等。说话的态度要真诚,语气要温柔,让对方感到家政服务人员很体贴人、关心人。

7. 慰问语　在人际交往中,表示对他人的关切是非常重要的,慰问语常用在这时。如他人劳累时,可说:"您辛苦了。""让您受累了。""您快歇会吧。"等;如果他人身体欠佳,可说:"请好好休息。""希望您早日康复。"等。

8. 祝贺语　当他人取得成功或有喜事、好事时,常用祝贺语。如"恭喜!""祝您节日愉快!""祝您生日快乐!"等,为他人送上真诚的祝福，可加深相互间的友谊。

第二节　服饰与习俗

在现实生活中，人们为了在交往中表现出应有的礼貌，都会自觉不自觉地注重自己的服装打扮、仪表仪容，通过人体外表的美展示自己内心对美的追求，体现对他人的尊重。

一、着装

（一）着装的基本方法

（1）家政服务人员的着装没有统一要求，每名家政服务人员可以根据自己的情况选择适宜季节变化和居家需要的服装。

（2）每天内衣、外衣要穿戴整齐，不要衣不系扣或服装皱褶过多。

（3）服装鞋袜要经常更换、清洗，做到着装卫生清洁。

（4）由于家政服务人员的工作内容较杂，有时可以根据具体任务准备些辅助衣物或劳动用品，如防尘罩衫、围裙、套袖，护理病人、婴儿时的专用服装。

（二）着装原则

1. 着装与工作角色相适应　家政服务人员的工作岗位主要在雇主的家里，要帮助雇主家做许多家务劳动，因而选择的服装应方便自己干好雇主交代的家务工作。

2. 着装与自身的条件相适应　人们追求服饰美，就是要借服装之美来装扮自己，通过服装的款式、色泽、质地等因素的变化使个体形象变缺憾为完美。

3. 着装与季节温度相适宜　不同的季节气候条件要适时的选择衣物，随着温度变化加减服饰，保证家政服务人员健康舒适地投入到家政服务生活中去。

4. 仪容装扮　家政服务人员的发式要精干，方便工作，勤洗头，天天梳理。如果下厨工作，最好戴上工作帽，维护食物的卫生。面部皮肤通过每天的清洗、擦抹护肤品等来保持健康红润。在日常生活中，家政服务人员的装扮要突出自然美，要自然大方。

（三）注意事项

1. 着装不能过于随意　家政服务人员要注意在雇主和宾客面前的形象。那些过于紧身、包裹躯体，突出自身线条的服装；过于单薄，明显透出内衣的服装过于暴露肢体，如低胸、超短裙、露肚脐的服装都不可穿。

2. 要穿袜子　如果雇主家进屋后都换拖鞋，那么家政服务人员每天也要穿袜子，光着脚或露出脚趾接待宾客是极不礼貌也极不雅观的行为。

3. 着装清洁　这是最基本的要求。每一名雇主都希望自己请到的家政服务人员讲究卫生，爱清洁。这不但包括把家庭里里外外收拾得干干净净，也包括家政服务人员把自己打扮得清清爽爽。

4. 根据工作需要应穿戴相应保护用品　例如要做清扫等有可能污染衣服的工作时，应穿上保护服或戴上围裙、套袖等，不要穿着有污染的衣服下厨房或进卧室抱小孩。

5. 切忌在日常家务工作中化妆浓艳　浓妆艳抹、矫揉造作、怪异装扮与日常的家务工作极不相称，只能让他人感到轻浮和厌恶。

二、讲究个人卫生

个人卫生主要指头发、脸部等要清洁整齐。身上不能留有异味。指甲要经常修剪，不要留长指甲和涂指甲油，否则既不利于食品烹饪卫生，也会给工作带来不便。个人卫生要做到勤洗澡、勤换衣服、勤漱口。上班前不饮酒，忌吃大蒜、韭菜等有刺激性气味的食物。

三、尊重雇主的生活习俗

（一）了解雇主

家政服务人员要想服务好用户，首先要了解雇主的基本情况，家庭成员的关系，每个人的脾气、爱好和生活习惯。例如，雇主的职业性质、工作特点；雇主日常起床、就寝、用餐的时间；雇主的饮食习惯和口味；雇主对家庭卫生、家具物品整洁方面的具体要求；家庭成员都有什么爱好或常参加哪类活动；雇主家中某一成员在起居生活中有没有特殊要求，如因病在饮食上有特别限制，常上夜班白天要休息，孩子正准备参加高考等。

（二）努力适应雇主的生活习俗

家政服务人员很可能在语言、饮食及生活习惯上与雇主家存在差距。家政服务人员要做好"入乡随俗"的准备，雇主见到你的诚心和努力，也会尊重家政服务人员的习俗。我国是一个多民族国家，尊重少数民族的习俗，不仅是我国民族政策的要求，也是在少数民族雇主家庭做好家政服务工作的必要条件。

练习题

1. 什么是家庭礼仪？主要表现在哪几个方面？

2. 言谈举止的礼仪要求有哪些？

3. 仪表仪容的礼仪要求有哪些？

4. 您会使用文明用语吗？请同学分角色练习并体会使用文明用语的好处。

5. 怎样迎送和招待客人？请同学分角色演练。

6. 每天必修：同学之间相互检查并指正各自的行为姿态、着装和卫生情况。

第三章　操持家务

第一节　家庭餐的制作

制作家庭餐是家政服务人员的一项重要工作。

一、家庭餐制作基础知识和基本技能

（一）和制面团

1. 和硬面团

（1）操作程序　将500g面粉置于面盆中，倒入200g水，将面粉与水搅拌均匀，成为均匀的小面疙瘩，然后再加入50g水进行搓揉使其成为面团。面团形成后用力擩揉，把面团压薄，再将面折叠，继续按压多次，一直将面团揉透至上劲，用一块干净的湿布盖好醒透即可。

（2）技术关键　此种面团的用水量少，而且要将水分次掺入。搓揉时站立的姿势要便于用力。在折压时要用大力气，要反复进行多次，还要反复醒面多次。

（3）质量标准　面团的外表光润滑爽，面硬且有劲，内部无洞孔。

（4）适用范围　此种面团适用于制作刀削面、手工面条、馄饨皮等品种。

2. 和软面团

（1）操作程序　将面粉500g置于面盆中，倒入250g水，将面粉与水搅匀，再加入50g水搅拌，搓揉成为软面团。

（2）技术关键　软面团水多面软，不宜反复搓揉，在面板上撒少量干面，揉成面团后用湿布盖好，醒30分钟左右。

（3）质量标准　面团光滑细润，面质无孔洞，软硬适度。

（4）适用范围　此种面团一般适用于制作馅饼、烙饼等品种。

3. 和面肥发酵面团

（1）操作程序　在500g面粉中放250g水，将面粉与水拌和均匀。将适量的面肥撕成小块放入面团中，采用"揉"的方法，将面团揉匀、揉透后，用布盖好醒发一定时间，待面团膨胀到内部布满蜂窝状的气孔，并散发出酸味时即可。

（2）技术关键　面团的加水量要合适，软硬度要适中。四季的用水温度不同，夏季用冷水，秋季用温水，冬季用温热水。面肥可根据季节调整，夏季少用，冬季多用。发酵时间，夏季为1～2小时，春秋季为3～6小时，冬季为10～24小时。发好的面对碱时要留出一小块面，碱不要一次对多，对碱后的面团要边揉边往面团里搋进一些面粉，面团要揣匀揉透，揉至面团有劲且不沾手。

（3）质量标准　发好的面团有轻微的酵母发酵的酸味，面团膨起，面团内有均匀的蜂窝状气孔。使好碱的面团色白，味道微甜无酸味和碱味，蜂窝小且均匀，面不粘手。

（4）适用范围　此种面团适用于制作馒头、花卷、包子、糖包、肉龙、水煎包、发面饼等品种。

4. 酵母粉发酵面团

（1）操作程序　将500g面粉放于面盆中，加入250g水和干酵母15g后搅拌均匀。将面搅拌搓揉成团，揉匀、揉透，用湿布盖好，使其发酵一段时间即可。

（2）技术关键　和面团的水温以35℃最好，加水要适量，软硬度要适中，醒发时间适当，发酵环境温度最好在35℃左右，发酵时间的长短与环境温度有直接关系。

（3）质量标准　软硬适度，面团蓬松，没有酸味，没有面疙瘩。

（4）适用范围　此面团适用于制作包子、花卷、馒头、糖包、糖三角、烙饼。

（二）制馅

1. 制作甜馅

（1）豆沙馅

①操作程序　将500g红小豆挑出泥沙杂质，冲洗干净，浸泡2小时，倒入锅中煮沸，撇出浮沫，加入2g食用碱，用小火煮至豆子裂开，将豆捞出，晾凉后用绞肉机绞成泥或用木铲碾压成泥。锅中加猪油或植物油100g、白糖250g，倒入豆泥同炒，炒至黏稠，油润光亮。

②技术关键　豆子洗净泡透，大火烧开，小火慢煮，煮得不可过烂，炒制豆沙时要不停地用铲子翻动，防止煳锅产生煳味。

③质量标准　豆馅香甜，无泥沙，不散不黏，沙绵。

④适用范围　豆沙包、豆沙卷、豆沙饼、豆沙酥饼。

（2）五仁馅

①操作程序　将杏仁、瓜子仁、松仁、桃仁、花生仁每种25g，在饼铛中用小火低温焙烤干香，搓去皮，用刀切成石榴粒状。与200g白糖、50g熟面粉和香油拌在一起，拌均匀即可。

②技术关键　果仁烤至干香，果仁不可过碎，面粉一定炒熟。

③质量标准　果仁要烤得熟且香脆，不能有油脂酸败的果仁。

④适用范围　蒸五仁糖包、烙制五仁糖饼和黏食小吃的馅心。

2. 制作咸馅

（1）猪肉馅

①操作程序　夹心肉300g，用刀斩剁成肉馅，肉馅中加入葱花5g、姜末5g、料酒10g、酱油10g、盐5g，搅拌均匀；肉皮冻100g，切碎后放入肉馅中，再加入5g味精、20g香油，搅拌上劲

即可。

②技术关键　选料要新鲜，肥瘦适当，没有肉皮冻时，要加入适量的清水，搅拌上劲。

③质量标准　一般肥肉占30%～40%、瘦肉占60%～70%，软硬适度，便于成型，咸淡适中，味道鲜美。

④适用范围　适合作包子、饺子、馅饼等主食品种的馅心。

（2）素馅

①操作程序　鸡蛋液150g，摊熟，切碎；粉丝100g，用开水泡透，切成2cm的短条；水发香菇和木耳用水焯熟，切成小块；豆芽用水焯熟，切成小段；韭菜洗净切成末，姜去皮切成末，全部倒入一个容器中，加盐、味精、香油、拌匀即成。

②技术关键　调味不可过重，素菜要攥净水分，以免出汤，影响口味。

③质量标准　色泽鲜艳，口味清淡，咸鲜适口。

④适用范围　制作素馅的包子、饺子、馅饼等主食品种。

（三）原料加工技术

1. 刀工

（1）丁的品种和操作方法　丁有大丁、小丁2种。大丁是先将较大原料切成1.2cm厚的片后改切成1.2cm宽的长条，再把条切成1.2cm见方的丁。小丁操作方法与大丁相同，切成0.8cm见方的丁。

（2）片的品种和操作方法　片有菱形片、月牙片、柳叶片、夹刀片、指甲片、抹刀片6种，常用的刀法有切和片2种。

①菱形片操作方法　刀刃与原料成斜角，切成3cm的菱形块。再将菱形块切成相应大小的菱形片。呈柱形的黄瓜、青笋、胡萝卜均可用此刀法。

②月牙片操作方法　先将整体的原料切成两半，然后顶刀切成厚0.2～0.4cm的半圆形片。

③柳叶片的操作方法　可将原料先切成带有弧度的长尖形的

块，然后再切成柳叶形状的片，长 5～7cm、厚 0.3cm。

④夹刀片的操作方法　夹刀片是原料的一端相连另一端切开的片。如鱼肉、五花肉、冬瓜、莲藕、茄子等，经常被切成夹刀片，用于做镶馅的菜肴，其薄厚、大小可根据原料的情况灵活掌握。

⑤指甲片　将原料先切成 1.5cm 见方的条状，然后用抹刀法斜片成 0.2cm 厚的薄片。适用于鱼肉加工，用抹刀片的刀法，可增大鱼肉横截面的面积。

（3）块的品种和操作技法　块状原料有菱形块、方块、长方块、骨排块、滚刀块等形状。质地软嫩的原料使用切的刀法，质地较老及带骨的烹调原料一般采用剁、砍的刀法。

①菱形块操作方法　先将整形后的原料切成 1cm 厚的大片，然后将原料改切成 1.5cm 宽的条后，再切成 2.5cm 长的斜象眼的块。

②方块操作方法　先将原料切成 2cm 的大厚片，再改切成 2cm 宽的长条。条状原料再切成 2cm 见方的块。块有 2 种：1.5cm 见方的为小方块，2cm 见方的为大方块。

③长方块操作方法　先将原料切成 1cm 厚的大片，然后改切成 1.5cm 宽的条，再切成长约 3cm 的长方块。

④骨排块操作方法　先将原料切成 1cm 厚、3cm 宽的条，再剁成约 6cm 长的长方块，多用于加工猪排骨、羊排骨和一些耐火的烹饪原料。

⑤滚刀块操作方法　刀要与原料成斜角，每下一刀，都要转动一次原料，切成长约 2.5cm 的不规则三棱形，适用于加工圆柱形、球形、椭圆形的原料，如黄瓜、土豆、胡萝卜等。

（4）段的种类和操作方法　段有大段、小段 2 种。段的大小长短可根据原料品种、烹调方法、食用要求灵活掌握，主要用剁的刀工方法加工。大段是将烹饪原料剁成 12cm 左右的段，主要适用于加工动物性烹调原料。小段是将烹饪原料剁成 8cm 左右的段，主要适用于加工植物性烹调原料。

2. 原料粗加工

(1) 禽类的加工

①鸡的宰杀　左手抓住翅膀，小指钩住鸡右爪，握住后用大拇指和食指向后掐紧鸡颈皮，使气管、食管明显突出。右手持刀，在鸡头下将气管、食管割断。然后右手放下刀，接过鸡头，抓住鸡嘴，左手将鸡身提高，使鸡嘴向下，放净鸡血。

②煺烫　将鸡放在大盆里，冬季用80℃左右的热水，其他季节用75℃左右的热水，要将鸡的全身泡透，先去嘴壳、爪皮和趾尖壳，再煺去鸡翅大毛，最后去净鸡身上的毛，用清水洗净。

③开膛　开膛取内脏要根据烹调需要而定。腹开：在鸡颈右侧脊椎骨处开一个刀口，取出嗉囊，再在肛门与肚皮之间开一条长约8cm的口，由此处掏出内脏，然后冲洗干净。肋开：在鸡的翅膀下开6cm的口，从开口处将内脏全部取出，并把鸡嗉囊拉出，然后洗净。肋开方法适于制作烤制品，鸡形状完整、饱满、美观。背开：在鸡的脊椎处从尾部至背后部剖开，然后取出内脏和嗉囊，洗净。这种开膛方法通常用于清蒸、扒等烹调方法。

④鸡内脏加工　宰杀后的鸡，摘除嗉囊、苦胆、气管、肺叶、食管等不能食用的部分后，其他都可以食用。鸡胸从肉薄处割开，刮去污物，剥去鸡内金，洗净。将鸡肝剪去胆囊洗净。将鸡肠去掉两条胰脏，顺肠剖开，然后洗净污物，再用明矾或醋搓去肠壁上的黏液并洗净。将鸡心剪去筋膜再剖开，去掉血块并洗净。将鸡油洗净，装在容器中，加葱、姜，上笼蒸至鸡油熔化，拣出葱、姜、油渣，把鸡油中的水分沥净，晾凉保存。

注意事项：煺毛时的水温应根据鸡的老嫩情况区别对待。对于老鸡，水温可略高，浸烫时间稍长；对于嫩鸡，水温可略低，浸烫时间可稍短。煺毛过程中不要把鸡皮扯破，掏膛最忌讳抠破苦胆和把鸡肺留在鸡的体内。

(2) 鱼类的粗加工

先去鳞、鳍、鳃，后开膛摘除内脏。除鱼鳞用刀反方向刮，刮净鱼鳞，剪去鳍，挖出鱼鳃，冲洗干净备用。

注意事项：掏出内脏时要小心，不要碰破苦胆。带鱼的牙齿，以及鳜鱼、鲈鱼背鳍的刺相当锋利，若被其扎伤就会产生剧痛并易造成感染，因此要格外小心。

（四）调味品及调味技术

1. 各种调味品的性能及作用

（1）盐　被推为百味之王。盐溶液有高度的渗透力，能提高原料中的鲜味。同时盐还能刺激味觉，促进唾液和胃肠消化液的分泌，增进食欲。

（2）酱油　酱油是仅次于盐的重要调味品，酱油的成分比盐复杂，除含有 18% ～ 20% 的盐分外，还含有多种氨基酸、糖类、有机酸、色素、香料成分。除了咸味，酱油还有鲜味和香味等，它能增加和改善菜肴的口味和色泽。

（3）白砂糖　又叫砂糖，色泽洁白发亮，颗大如砂粒，颗粒均匀整齐，糖质坚硬，松散干燥，滋味纯正，杂质和水分等含量极少。

（4）绵白糖　食糖的一种，色泽雪白，颗粒细小，质地绵软，潮润，入水即化，不带杂质，没有异味，烹调时常用于凉拌菜或制甜馅。

（5）冰糖　是砂糖的结晶制品，有白色、微黄、微红、深红等色，因结晶如冰块而得名。冰糖以透明者质量为好。民间认为冰糖对人体有补益，用得较多。冰糖浓缩后比一般砂糖更稠且有光泽，为菜肴增色不少。

（6）食醋　分为米醋、熏醋、白醋 3 种，是酸味的主要调料。食醋除含有 3% ～ 5% 的醋酸外，还含有其他有机酸、氨基酸、糖、醇、酯类。除具有去腥、提香、解腻、增鲜的作用外，烹调时加醋，还能减少维生素的损失，促使原料中钙质的分解，使菜肴易于为人体吸收。

（7）味精　学名为谷氨酸钠，是由大豆、小麦或其他含蛋白质较多的物质提炼出来的,也有用淀粉发酵法制成的。味精有的呈结晶状,有的呈粉末状,除含有谷氨酸钠外,还含有少量的食盐。味精的主要作用是提鲜,适量食用味精还有健脑的作用。

(8) 黄酒 又名料酒,由于黄酒的乙醇浓度低,香味浓,富有氨基酸,在烹调时用来去腥、提鲜、增香。做动物性原料菜肴时,效果更明显。

(9) 胡椒粉 有白胡椒粉和黑胡椒粉 2 种,黑胡椒粉是由未成熟果实加工而成,白胡椒粉是采摘成熟后的果实加工而成的。胡椒粉在烹调中的作用主要是解腥,也提供香辣味,可做醋椒味、酸辣味菜肴。

(10) 鱼露 是将小杂鱼发酵后,提炼的调味液。其营养价值较高,味道咸中带有鱼类特有的鲜香味。

(11) 蚝油 是由牡蛎的汁发酵酿制而成的,味道咸中带特殊的鲜香味。常用作炒菜、凉拌菜的调味料。

(12) 豆豉 是由大豆制成的调味品,烹调用豆豉能使菜肴增加一种特有的香味,减少某些不良味觉。

(13) 番茄酱 是由新鲜番茄加工而成的,味甜酸,可用于做菜,也可做蘸汁。

(14) 辣椒酱 以鲜红辣椒为主料,加盐、花椒、白酒等腌制发酵而成。辣椒酱外观呈红棕色或棕褐色,味香辣且鲜咸,是烹制辣味菜的主要调味料。

(15) 虾子 是海产白虾、红虾或淡水虾的卵,经炒制后的熟干品。虾子含有大量蛋白质和无机盐,营养价值高,味道极鲜。

(16) 蟹子 是由海蟹或河蟹的卵加工干制而成的,味道比较鲜,但味道不如虾子。

(17) 大料 又名八角、大茴香,是我国的特产,强烈的芳香气味来自挥发性茴香醛,有散寒健胃的作用。

(18) 小茴香 是草本植物茴香菜的种子,呈灰黄色,形如稻粒，夏秋季采收。作用是增香解异味，故烹制牛羊肉常加小茴香。

（19）花椒　是花椒树的果实，是良好的调味品。生花椒味麻，炒熟后香味四溢。烹调中既有单取其麻味的，也有炒熟后加盐调成椒盐，用做炸菜蘸料佐味的。

（20）桂皮　是玉桂树的皮，桂皮分为桶桂、厚桂、薄玉桂3种。桶桂为嫩桂树的皮，质细，清洁，味正，呈土黄色，质量最好。厚桂皮粗糙，味厚，皮色紫红，炖菜最好。薄玉桂外皮微细，味薄，香味少，外表发灰色，皮红黄色，质较差。

（21）孜然　又名安息茴香、阿拉伯小茴香，是一种香料植物的籽实，有黄绿色和暗褐色2种，粉末呈棕黄色。孜然中的上品色泽纯正，籽粒成熟饱满，大小均匀，无霉烂，味浓香。孜然味辛苦，性温，有祛寒、理气、开胃、止痛的功效，主健胃。

（22）五香粉　多由茴香、桂皮、姜粉、砂仁或豆蔻芳香料加工而成。五香粉呈粉末状，色老黄，香味浓郁。用于烹调，它比任何单一香料使用方便，多用于卤菜。

2.调味分类　调味又名调味手段，是指根据不同的要求，针对原料的特点选择调味品，使菜肴做熟后产生一定的滋味和香气。

（1）单一味　是指只用一种呈味物质调制出的滋味。单一味作为基本味，有咸味、甜味、酸味、辣味、苦味、鲜味、香味7种。

（2）复合味　是指用2种或2种以上呈味物质，调制出的具有综合味道的滋味，常见有咸鲜味、咸酸味、咸甜味、咸麻味、咸辣味、酸辣味、酸甜味、香辣味、麻辣味等。由3种以上调味品调制出的具有3种以上味道的味型称为多味复合味，常见的有咸、鲜、辣、麻、酸。

3.调味技术

（1）调味的方法　虽然原料自身也具有一定味道，但这种味往往是在施加调味品后才呈现出来，所以掌握调味技术是家庭餐制作的一项关键性技术，而调味的关键是控制好调味品的投放量与配比，以及把握准调味的时机。重点要了解以下 3 种调味：

①原料加热前调味　主要针对那些加热时间短，成熟速度快的菜肴。

②原料加热中调味　针对那些加热时间较长，成熟稍慢的菜肴。

③原料加热后调味　针对烹调前不易加足味的菜肴，以及炸制的菜肴。

（2）技术要点　因为盐是调味中的主味，鲜味和甜味都靠盐烘托，菜点无盐便没有味道，但食之过量又有害，所以要准确地掌握盐的投放量。盐的投放量控制在主料与副料总重量的 1% 以内。若用酱油，每 5g 酱油换算为 1g 盐。

4. 对制调味汁

（1）姜醋汁

①原料　香醋 50g、姜 10g、酱油 15g、香油 5g、味精 2g、盐 1g、清汤 10g。

②制作方法　将姜去皮切成细末放在碗里，加入清汤、盐、味精，调拌溶解后，把酱油、醋、香油等几种调味品放在一起，调和即成。

（2）蒜泥汁

①原料　大蒜 20g、盐 1g、酱油 10g、醋 25g、糖 3g、味精 3g、清汤 10g、香油 10g。

②制作方法　将大蒜捣成泥蓉状，加入清汤，放入盐、味精，调拌至溶解，再加入酱油、香油、醋，调匀即成。

（3）芥末汁

①原料　芥末 25g、盐 5g、糖 3g、味精 5g、醋 25g、香油 10g、清汤 40g。

②制作方法　把芥末粉放在碗中用清汤调拌均匀后，用保鲜

膜封严，上蒸笼蒸 20 分钟，晾凉后放入盐、味精、糖、醋、香油，调匀即成。

（4）糖醋汁

①原料　糖 50g、盐 2g、醋 30g、温水 10g。

②制作方法　用温水先把盐溶解后放入糖，待糖基本溶解后放入醋，全部溶解后拌菜即成。

（5）果味汁

①原料　果珍 50g、糖 25g、盐 1g、温水 10g。

②制作方法　用温水把盐先溶解，再放入糖和果珍，调拌基本溶解即成。

（6）椒麻汁

①原料　花椒 5g、葱 20g、盐 4g、味精 4g、清汤 20g、香油 10g。

②制作方法　花椒去籽，用少量开水泡 10 分钟，沥净水分，和葱一起切成蓉泥状后放入碗中。加入清汤、味精、盐调拌均匀，加入香油即成。

（7）鱼汁

①原料　油 25g、味精 2g、料酒 5g、糖 15g、老抽酱油 5g、蚝油 5g、香油 5g、葱 10g、姜 5g、清汤 50g。

②制作方法　用锅将葱、姜煸出香味，加入所有调料烧开，转小火再熬制片刻即成。

③特点　具有浓郁的海鲜味，味咸鲜带甜，是适合清蒸海鲜鱼类的佐味汁。

④注意事项　调味汁不可含盐分过高，咸味过重会影响味汁的鲜度，过淡影响调味效果。

（8）鱼香汁

①原料　油 25g、姜末 10g、蒜末 10g、泡椒 25g、葱花 20g、盐 5g、酱油 10g、白糖 15g、醋 25g、料酒 25g、味精 5g、水淀粉 15g。

②制作方法　锅中放 25g 底油烧热，放泡椒煸炒待泛出红

油，放葱、姜煸出香味，倒入酱油、白糖、醋、料酒、味精、水淀粉兑成鱼香汁，至芡汁红亮、浓稠即成。

（9）宫保汁

①原料　酱油 20g、糖 15g、醋 15g、花椒 2g、盐 3g、味精 5g、料酒 25g、姜片 15g、蒜片 15g、葱 25g、水淀粉 30g、清汤 50g、油 30g、干辣椒 5g、香油 10g。

②制作方法　锅上火，放底油，烧热放入花椒、辣椒段，辣椒炒出香味，放入葱、姜煸出香味，倒入酱油、白糖、醋、味精、料酒、汤、水淀粉兑好的汁，烧至红亮、浓稠，淋入香油即成。

（10）糖醋汁

①原料　糖 50g、醋 25g、盐 2g、酱油 2g、料酒 15g、蒜末 15g、清水 25g、水淀粉 30g、油 50g。

②制作方法　锅上火，放底油，加蒜末煸炒出香味，倒入酱油、白糖、醋、料酒、味精、水淀粉对成的糖醋汁，烧至浓稠，淋入明油，将芡汁炒亮即成。

5. 上浆

（1）上浆的作用　能使菜肴达到酥、脆、滑、嫩、软的质地，对菜肴的色、香、味、形、质诸方面都有着直接的影响。水粉浆、蛋清浆是 2 种简便易行的糊浆，能使烹饪原材料既有营养，又有口感。

（2）上浆方法

①水粉浆上浆方法　首先将成型的原料放入盛器中，加入 10g 毛姜水与原料调拌，然后放入盐抓匀，再用剩下的毛姜水调制成水淀粉，调匀后倒入菜肴原料中，抓拌数下，使浆粉均匀地裹在原料上。

②蛋清浆上浆方法　首先将成型的原料放入盛器中，加入毛姜水调拌后放入盐抓匀，再放上蛋清，抓数下，使蛋清与菜肴原料初步结合在一起，随后放上淀粉，顺时针方向搅拌，先慢后

快，搅至无颗粒且无水分外溢。

（五）火候与火力

1. 火候　烹饪技术中讲的火候，通常是指原材料上火时间的长短。

2. 火力　火力通常是指火苗的大小。

3. 火候与火力的关系　它们之间的关系非常微妙，两者之间的关系密不可分又相互影响。原材料形体小，火力大，时间短；原材料形体大，火力小，时间长。

（六）原材料品质检验

1. 水产品的品质检验

（1）活鱼的品质检验　活泼好游动，对外界刺激有敏锐的反应，无伤残，不掉鳞，体色发亮，喜欢在鱼池底部或中间游动的鱼品质最佳。

（2）鲜鱼的品质检验　新鲜的鱼，表皮有光泽，鱼鳞完整、贴伏，鱼背坚实有弹性；用手指压一下腹部，凹陷处立即平复；肚腹不膨胀，肛门不突出，将鱼放在水中不下沉。鱼鳃鲜红或粉红，没有黏液，无臭味。鱼的眼睛透明、洁净、突出。不新鲜，甚至变质的鱼，鱼鳞色泽发暗，鳞片松动，鱼背发软，肉与骨脱离，用手指压腹部，凹陷部分很难平复。鳃的颜色呈暗红或灰，有陈腐味和臭味。鱼眼塌陷，眼睛灰暗，有时因内脏溢血而发红，如果鱼鳞已脱光，则说明质量更差。

（3）冻鱼的品质检验　质量好的冻鱼，表面清洁，光泽明显，鱼肉、鱼骨连接牢固不脱离。用温水解冻后，有鲜鱼本身的外表特点，如带鱼为银灰色、黄鱼为黄白色、鲈鱼为金黄色。闻其味，没有什么难闻异味。假如解冻后的鱼，腹部变黑，鱼体不但无弹性，而且肉骨脱离，说明冷冻前已是不新鲜的鱼了，要是再有难闻的异味、腥臭、恶臭等，则说明冷冻前已是腐败变质的鱼了。

（4）冷冻带鱼　鱼体银白发亮，不破肚，外形整齐者品质好。

（5）黄花鱼　体硬，眼明亮，腹部金黄者品质佳。

（6）虾的品质检验　虾的质量是根据虾的外形、色泽、肉质等来鉴定的。新鲜的虾头尾完整，爪须齐全，有一定的曲度，虾身较挺，皮壳发亮，呈青绿色或青白色，肉质坚实、细嫩、富有弹性。不新鲜的虾头尾易脱落，不能保持原有的弯曲度，皮壳发暗，虾体变红或灰紫色，肉质松软。

（7）蟹的品质检验　蟹的品质要根据外形、色泽、体重、肉质等加以判定。

①活蟹　腿肉坚实、肥壮、有力、饱满，背壳呈青绿色，腹部白色，分量较重，翻扣在地能迅速翻转过来。

②质量差的蟹　腿肉松空、瘦小，行动不灵活，背壳呈暗红色，肉质松软，分量较轻。

2. 禽类质量鉴别　禽类品质好坏通常采用感官检验的方法鉴定。主要检验嘴、眼、皮肤、脂肪、肉的弹性和气味，弹性降低、有异味的品质不好。

3. 蛋品质量鉴别　蛋品的品质鉴定，采用的是看、听、摸、照几种鉴别方法。

（1）新鲜蛋表面有一层白霜，分量较重，已坏的蛋壳发乌。

（2）利用光照进行鉴定，新鲜蛋透亮发红，臭蛋发黑，泻黄蛋模糊不清，局部发红、发黑的是贴皮蛋。

4. 食用油质量鉴别　食用油脂的品质检验一般采用感官检验的方法，检验项目包括：

（1）油脂的透明度表明油脂的精炼程度。油脂混浊、透明度下降，说明油脂中存在过多水分、蛋白质、磷脂和蜡质，以及变质后所产生的物质。

（2）动物油脂都有特殊的气味，但不应有哈喇味或其他异味。

（3）品质好的豆油为深黄色，花生油为淡黄色，香油为棕红色，菜籽油为棕褐色。对于精炼油脂，色泽越淡说明质量越好。

二、制作主食

（一）蒸

1. 蒸　把成型的面坯或淘好的米放在笼屉内，利用水产生的蒸气使之成熟。蒸的主要设备是炉具、蒸锅、笼屉、屉布等。

2. 操作程序

（1）准备好馅料，蒸锅加水，备好蒸笼、屉布、面板、面杖、面干、闹钟。

（2）点着火把蒸锅水烧开，根据制作的品种，和好面，淘好米。面团醒片刻下剂（包馅）成型。

（3）锅烧开，笼屉铺好屉布，成型的面坯要留出适当距离码入笼屉（淘好的米放入饭盆加入适量的清水后放入蒸笼），扣严蒸锅盖，定好闹钟，用大火蒸。时间到，蒸锅离火，将成熟的食品逐一下屉（米饭可用饭板打散，仍放在蒸饭盆中），放入干净盛器中。

3. 操作要点

（1）用具要求　面板和面杖干净清洁，无尘土，无干面疙瘩。如有尘土，既不卫生也影响色泽，而面板、面杖有面痂会影响成品外观。

（2）和面要求　水与面的比例恰当，不同面团所用的水温恰当，面团要充分揉匀、醒透，面干要新鲜不能含有面疙瘩。掌握好面的吃水量，面团水量多了，面软成品容易变形；面团水量少了，会影响食品的质地。水温也要符合不同面团的要求，否则会影响成品口感。面团不揉匀醒透，会降低面的筋性，蒸熟的食品弹性下降并影响口感。

（3）调馅料要求　肉质一定要新鲜，肥瘦适当，调味恰当，打水适量，搅拌方法正确。肉质不新鲜会影响馅的口感味道，肥肉多了口感腻，瘦肉过多口感不松软。馅的含盐量小了鲜味不突出，含盐量大了会压住鲜味，还会影响身体健康。肉馅打水不能过多也不能过少，水多成品易变形还易掉底，水少馅心口感嫩度下降。搅拌肉馅应向一个方向搅打，忽左忽右会减少肉的吃水量，降低肉馅的鲜嫩度。

（4）蒸锅中的水量　水不宜多也不宜少。水多浪费燃料，水滚沸时也容易浸湿屉底。水量过少会造成干锅，中途加水会严重影响成品质量。

（5）恰当掌握火力　根据蒸制的不同品种，准确地运用不同火力。火力小食品颜色发暗，外观不光润，成品不饱满。火力过大容易造成变形或开花。

（6）装屉与出屉　发酵面团生坯码入蒸笼要有一定距离，防止蒸制过程中因食品膨大造成粘连。蒸制食品离火后，及时出屉，防止粘连而掉皮，影响成品外观。

4. 蒸制食品操作实例

（1）馒头

①原料　面粉 500g、面肥 75g、水 250g、碱适量。

②制法　将面肥用水澥开，加面粉和成面团，静置发酵。面团发好后，对碱揉匀至无酸味，搓条下剂（重 50g），将剂子揉成上尖下圆的外形，以适当距离摆在面板上，醒片刻后上屉旺火蒸20 分钟，用手拍，有弹性即熟。

（2）糖包

①原料　面粉 500g、面肥 50g、白糖 100g、熟面 25g、桂花酱 10g、青红丝 10g、水 250g、麻仁 10g、香油 10g、碱适量。

②制法　将面肥用水澥开，加面粉和成面团，静置发酵。面发后，对碱揉匀，稍醒发。将白糖、熟面粉、桂花酱、青丝、麻仁、香油等用力搓拌成馅。将面团搓成长条下剂，擀成中间稍厚的圆皮，包入糖馅，捏成包子形，上屉用旺火蒸约 15 分钟即熟。

（3）菜包

①原料　面粉 500g、面肥 50g、水 250g、碱适量、猪肉150g、青菜 1000g、酱油 15g、香油 20g、海米 10g、盐 5g、葱5g、姜 5g、胡椒粉 1g、味精 5g、料酒 10g。

②制法　将面肥用水溶 澥开，加面粉和成面团，静置发酵。青菜择洗干净，下开水锅烫熟捞出，放入冷水中冲凉后取出，剁成细末挤干水分。猪肉剁成馅，加酱油、料酒、海米、胡椒粉、葱、姜末拌均匀，放入挤干水的青菜，加盐、味精、香油拌和好。酵面发起后，对碱揉匀，搓成长条，每个剂重 25g，将剂子擀成中间稍厚、直径约 6cm 的圆皮，包馅后捏成 12 褶以上的提褶包子。包好的包子留出距离，摆在屉内，用旺火蒸 10 分钟左右即熟。

（4）猪肉包子

①原料　面粉 500g、面肥 50g、水 250g、碱适量、猪肉 500g、香油 25g、酱油 30g、盐 5g、料酒 10g、葱花 10g、姜末 5g、胡椒粉 1g、味精 5g。

②制法　面肥用水澥开，加面粉和成面团，静置发酵后，对碱揉匀，醒透。猪肉剁成肉馅，加入料酒、盐、酱油拌匀，后陆续加水搅上劲，再加入姜末、香油、胡椒粉、味精拌和成肉馅，用时加葱花拌匀。酵面搓成长条，下剂，每个剂 25g，将剂擀成圆皮，包馅，捏 12 个以上的褶，入屉蒸 10 分钟即熟。

（5）葱花卷

①原料　面粉 500g、面肥 50g、水 250g、大油 50g、味精 5g、精盐 5g、葱花 200g、碱适量。

②制法　面肥用水澥开，加面粉和成团，静置发酵。酵面发起后，对碱揉至均匀，醒透。将面团擀成长方形薄片，刷油，撒葱花、盐，顺卷成卷，每25g切一块。用双手的拇指和中指把剂子拧成"花卷"形，上屉用旺火蒸约 10 分钟至花层裂开不黏手即熟。

（二）煮

1. 煮　将食品原料或加工好的半成品，放入沸水锅中，利用沸水把食物做熟。

2. 操作程序

（1）备好煮的食品原料或加工好的半成品，以及锅、手勺、笊篱、面板、面杖、菜刀。

（2）点火把锅中的水烧开，放入煮的食品原料或加工好的半成品，用手勺（筷子）轻推，锅开后点入清水，食品成熟捞出。

3. 操作要点

（1）水量要适宜，使食品受热均匀，有翻转余地，避免粘连露馅、汤汁浑稠。但水过多，会造成时间浪费和燃料的浪费。

（2）连续煮制，要保持汤水清澈，须随时点加清水。如果汤水已变浑稠，则必须重新换水，否则食品会被煮朽。

（3）食品刚下锅时，必须轻轻顺着一个方向推动，使之浮起，以免制品粘连、粘底、露馅。

（4）煮制（饺子、面条、馄饨等）食品火力要大，水要沸，火力小易把食品煮朽或造成露馅。煮制（汤圆、元宵）不宜用大火，否则容易把食品煮溶。

（5）煮熟的食品比较柔软，捞食品时应动作快且轻，避免破烂。

4. 煮制食品操作实例

（1）炸酱面条

①操作程序　100g 猪肉切成小丁，备好葱花、姜末。在锅里放 50g 油烧热，用葱、姜炝锅，放入肉丁煸炒透，烹料酒，放黄酱 250g，加入 100g 清水，炒一段时间，有酱香味后出锅。

和面：经揉面、醒面、揉面，将硬面团揉成长方形，取一根长擀杖，双手握住擀杖的两头，在面团上用力压，把面团逐步擀成大片，面片里边撒上一层粉干，然后将面片卷在擀杖上，用手掌压住卷在擀杖上的面片，边压边重复前推后拉的动作，这样反复地推前拉后数次后，将面皮放开，撒上粉干，用擀杖将面皮卷好，再推擀杖使面皮薄厚达到需要的厚度。将面皮前后折叠，每层之间均撒一层干面，放于案板上。左手压住面皮，右手持刀，用推切的刀法将面片切成细条，然后抓住面头上部，提起抖掉干面，再整齐地放好。

煮制：锅中的水烧沸，将所有面条拿起轻轻地抖下干面，顺势投入沸水锅中，待面条浮起，点入冷水，待水再煮沸，面条浮起即已成熟，用笊篱捞出，沥干水分，盛入碗中。老人喜食软烂的面条，可以多点一次水，煮得烂一些。

②技术关键　擀面时两手用力要一致，面皮擀得厚薄要均匀，煮面条时水不可过少，要保持水微沸。烹制炸酱切忌粘锅糊底。根据习惯多准备几种新鲜蔬菜的面码。面条粗细均匀，爽滑有劲，炸酱稀稠合适，味道鲜香，面码新鲜清脆。

（2）水饺

①操作程序　制肉馅，和制软面团，醒面，搓条，下剂，制皮（每50g水面，揪成5个小剂）。皮馅均制好后，左手托皮，右手用馅板放入肉馅，采用挤捏的成型手法，捏成饺生坯。将水烧沸，投入饺子生坯，用手勺在锅底搅动，待水再次沸时，点加冷水，这样反复地点水煮2～3次后即成熟，捞入盘中。

②技术关键　挤捏时要把边捏严，边不能过大，要捏得尽量薄些；饺子刚下锅要用勺子轻轻推动，避免粘锅；煮制时要保持水开；火力过大饺子容易煮烂，火力过小易把饺子煮朽。

③质量要求　饺子要色白，皮薄，馅大，外皮韧滑有劲，馅心鲜香有汤汁。吃饺子要准备蒜泥、芥末、香醋、辣椒油等。

三、烹制家庭菜肴

（一）蒸

1. 蒸　以蒸锅作工具，蒸气传热，使菜肴成熟的一种烹调方法。用蒸的方法制作的菜肴，既保持了原料的原汁原味，又突出了原料本身鲜味，此法非常普及，也易于掌握。

2. 操作程序

（1）准备好蒸锅，以及菜肴的盛器、闹钟。

（2）准备好炉具、灶具。

（3）制作的菜肴要做粗加工和细加工处理，加料腌味后装入盛器中。

（4）蒸锅添水，放入蒸制的菜肴原料，用闹钟定时，水烧开后蒸制菜肴。

（5）根据不同的菜肴，调至不同的火力。

（6）时间到后停火，取出菜肴，若需调味的再做调味处理，菜肴烹制工作至此完成。

3. 技术要点

（1）蒸制菜肴的腌制工序很重要。有些蒸制菜品，只需一次调味，所以，调味尽量要一次到位。

（2）蒸锅中的水添加要适量。添水过少，易造成中途加水，会影响菜肴质量；添水过多，则浪费时间，耗费能源。

（3）蒸制菜肴绝大多数是热食，最好现吃现蒸。

（4）准确掌握蒸制的时间，时间长了菜肴成熟过度，时间短则不熟。

（5）正确运用火力，火力掌握不恰当会严重影响菜肴质量。

（6）出锅时，先关火，再下屉，防止蒸气烫伤。

4. 蒸制菜肴操作实例

（1）清蒸草鱼

①原料　草鱼 750g、葱 15g、姜 8g、香菜 10g、精盐 7g、味精 5g、胡椒粉 0.1g、芝麻油 5g、绍酒 5g、水淀粉 10g、清汤 250g。

②制作方法　将初加工的鱼洗净，擦干水分，用盐 6g 把鱼里外擦遍，并在鱼体上撒一些味精和料酒，在鱼腹内放入葱、姜，入蒸笼用旺火蒸约 8 分钟即熟。淋上香油，香菜放在鱼的头尾部或鱼腹背两侧皆可。

③特点　此菜讲究火候，清鲜滑嫩，清淡适口，风味别致。

④技术关键　准确掌握时间和火力。火力小，时间不够，鱼肉易腥且不熟；火力大或超时鱼肉脱水严重，肉质老。

（2）米粉肉

①原料　带皮硬五花肉 250g、大米 80g、葱姜末各 5g、酱油

5g、盐 2g、味精 2g、料酒 10g、白糖 10g、甜面酱 15g、香油 5g、花椒 2g、八角 1 粒。

②操作程序 五花肉在火上燎糊表皮，放进热水中浸透，取出后刮净糊皮，洗净，切成 10cm 长、0.5cm 厚的大片。勺内放大米、花椒、八角微火炒至大米呈淡黄色，然后碾成粉。将肉片加料酒、甜面酱、味精、香油、葱、姜、米粉、白糖、高汤、酱油抓匀，腌渍 30 分钟，再将每片肉沾上一层米粉，肉皮朝下整齐地摆入碗内，碎料加清汤拌匀，放在肉上面，上笼蒸烂取出，翻扣入平盘内即成。

③技术要求 肉片必须切得大小、厚薄均匀，调味要均匀，味道不宜过重。米粉以慢火炒成淡黄色为宜。蒸米粉肉宜先大火，后中火；蒸锅内水量一次加足，中途加水不仅会延长时间，还会影响质量。

（二）炒

1. 分类 炒是烧热炒锅，葱、姜爆锅，投入原料，急火快炒，迅速成菜的一种烹调方法。因其成熟快，所以原料要小。以丁、丝、片、条、末或各种花刀原料常见。根据炒所用原料的性质和具体操作手法的不同，可分为生炒、熟炒、滑炒、软炒四种。

2. 操作程序

（1）准备工具 刀具、菜墩、洗菜盆、炒菜锅、手勺、笊篱。

（2）准备原料 所制作菜肴的主料、配料、调料。

（3）原料加工 根据烹调的要求，把主料、配料切成所需要的丁、片、块、段。葱、姜、蒜切剁成蓉；或制成葱汁、姜汁、蒜汁。原料码味、上浆。锅刷净，急火爆炒，勾芡出锅。

3. 炒的操作要点 生炒这种技法更适合家庭，所以，要求初级家政服务人员要掌握生炒的烹饪技法。生炒即把生的原材料加工成型，经码味、上浆后直接急火煸炒并入味成菜的一种烹饪方法。

4. 炒制菜肴操作实例

（1）肉片炒蒜苗

①原料　瘦猪肉150g、蒜苗300g、油30g、盐2g、酱油13g、味精4g、料酒5g、水淀粉20g、葱末5g、姜末5g。

②制作方法　先将蒜苗切寸段，猪肉切成条状薄片。将猪肉加2g味精、8g酱油、2g料酒、2g葱末、2g姜末抓拌码味，再放入10g水淀粉上浆。将炒菜锅上火，放入油10g并烧热，放入蒜苗煸炒，炒至将熟时放入盐，翻拌煸炒几下，倒入容器中。锅刷净后上火，放入油20g，烧热后用筷子将猪肉散落地拨入锅中稍待片刻，边抖动炒锅，边用筷子把肉打散并翻动将肉炒至变色。此时迅速倒入熟蒜苗，放入味精、酱油和30g清水，烹入料酒后迅速放水淀粉勾芡即成。

③操作要点　猪肉码味时，呈咸味调料的投放比例很关键，应使猪肉的底味达到五成以上，避免肉少味不香。炒猪肉时，锅温和油温都很重要，锅要烧的较热，但油温不能过高，只有这样，炒出的肉才既嫩又不容易粘锅。蒜苗即将炒熟时放盐调味，蒜苗不能炒的过火也不能欠火，过火口感差，欠火的生蒜苗味令人生厌。

（2）肉片炒豆腐

①原料　瘦猪肉100g、豆腐300g、油30g、盐2g、酱油10g、味精4g、料酒5g、水淀粉20g、葱末5g、姜末5g、蒜末5g。

②制作方法　将猪肉切片，豆腐切块。将猪肉加1g味精、5g酱油、2g料酒、2g葱末、2g姜末抓拌码味。将锅上火，放入油烧热，放入葱末、姜末煸香，放进猪肉煸炒至肉变颜色后放入豆腐和50g开水，烧开后放酱油、味精、料酒，烧至汤汁浓少时放入水淀粉勾芡，芡粉充分糊化后放入蒜末，翻炒均匀后出锅即成。

③操作要点　此菜不宜过多的翻炒，以防止炒碎。此菜应适

当地加些汤水，尽可能多地煨制一段时间。

（3）虾皮炒莲花白

①原料　圆白菜 400g、虾皮 10g、油 25g、盐 3g、料酒 5g、味精 3g、葱末 5g、姜末 5g、水淀粉 10g。

②制作方法　将圆白菜洗净，切成 5cm 左右的方块，从虾皮中捡出杂质。将锅上火，放入油烧热，放入虾皮煸炒片刻，待虾皮水分挥发净，闻到虾皮香味后，放入葱末、姜末煸香，放入圆白菜迅速煸炒。待圆白菜将近半熟的时候，放入盐、味精、料酒，迅速翻炒并淋入水淀粉勾芡即成。

③操作要点　火力要大，要迅速翻炒，防止成熟度不一样。不能炒得过烂，放盐时间在出锅前，可防止菜中的水分大量外溢，影响口感。

（三）炖

炖法是将原料加汤水和调味品旺火烧沸后转中、小火长时间烧煮成菜的烹调方法，属火功菜技法之一。炖法根据所加调味品和成菜色泽可分为清炖和浑炖 2 种。清炖是最常用的一种炖法，多以一种原料为主，无色，常用于制作汤菜或汤，成菜汤多色清，鲜醇不腻。浑炖是将底料煸炒，主料炸或煎后炖，俗称"垮炖"。

1. 操作程序

（1）准备工作

①工具准备　把炉具、灶具准备好，炊具、盛器清洗干净待用。

②原料准备　把主料、配料、调料备齐，把主料、配料加工清洗干净后备用。

（2）菜肴制作　把主料和配料切成所需要的条、块、段。腥味较大的动物性原料要用沸水焯透，去除腥味。锅上火，放入少量油，烧热放入葱、姜及调味品，煸香后，倒入清水，锅烧开后放入盐、酱油、料酒。放进原料，大火烧开后，加盖，改小火慢炖，至原料熟烂离火。

2．操作要点

（1）炖菜要准确地掌握好汤水的量。汤水过多，原料不易进味；汤水少容易烧干，中途加水会影响菜品质量。

（2）炖菜要控制好盐的投放量，盐过多或过少均会直接影响菜品的味道。原料下锅时，汤的含盐量应控制在 1.3％左右；汤汁挥发以后的含盐量还会增高，使成品菜入味，并达到较好的效果。

（3）炖菜注意控制火力，用大火烧开后一定转小火；若一直用大火猛烧，不仅不容易熟烂入味，还易造成干锅。炖菜在用火上极为讲究，大火和小火交替使用，所以要准确掌握火候与火力知识。

3．炖制菜肴操作实例

（1）炖排骨

①原料　用排骨 500g、葱 10g、姜 5g、精盐 5g、酱油 15g、料酒 5g、味精 5g。

②操作程序　排骨洗净，以每 2 根肋骨为单位，顺排骨的走向切成条，再剁成 6cm 左右的段。锅内加水烧开，放入排骨，焯水后捞出。锅中放入清水，加入排骨、盐、酱油、料酒、葱、姜，把锅置旺火上烧开。盖上锅盖，改至微火炖 1 小时左右放味精，再炖半小时左右，炖烂即成。

③技术要领　排骨剁开，不能连刀。水的投放一次到位，一般以水没过排骨为宜。用小火加盖炖制，水分挥发量不大，这样才能保证菜熟时汤汁不多，排骨软烂，口味浓香。

（2）炖猪肉

①原料　带皮猪五花肉 500g、葱段 5g、姜片 5g、酱油 10g、精盐 5g、味精 5g、料酒 20g、大料 5g、桂皮 5g、白糖 10g。

②操作程序　将猪肉洗干净，肉切成 3cm 大小的块，用沸水焯透，去净血沫。将姜去皮洗净用刀切片，葱切段，花椒、桂

皮、八角用纱布包成"料包"。将锅上火加入少量油，烧热后放入白糖，将糖炒至褐色，放入猪肉翻炒，使猪肉上色。在锅中加入清水、盐、酱油、料包，盖上锅盖，用急火烧开后转用小火炖制熟烂。

③技术要领　选料要新鲜，猪皮上的毛一定要刮洗干净。猪肉块要大小均匀。要旺火烧开再转小火长时间炖制，一气呵成炖制熟烂味浓为好。水一次加足，中途加水会影响菜品的口感。

（四）拌

拌是一种比较适宜家庭的烹调方法，是用食品原料加调味品制成的。拌的技法运用比较广泛，有生拌、熟拌和生熟拌，也因菜品不同和温度不同采用凉拌、温拌和热拌。

动物性原料需在加工熟处理以后，再将熟的原料加工成小的片或丝、条和丁等形状，然后拌味加工。植物性原料可用刀加工，也可拍碎，要现吃现拌。

拌的调味多种多样，有的用盐、糖、醋和酱调拌；有的用香油、酱油和醋调拌；有的在找好咸口后再加蒜泥、辣椒油、芥末、姜末、辣椒糊、芝麻酱和虾油等调味料调拌。

拌菜多数是冷食，因此选料要严格，操作必须严格按照食品卫生法关于冷荤制作的要求去做。

1. 操作方法

（1）准备工作

①准备清洗容器、洗涤液、消毒液，以及洁净的刀、墩、盛器，各种调味品。

②择、洗原材料。

③熟拌的原材料熟制；生食的原料消毒。

（2）操作过程

①生食的植物性原材料要在洗净消毒后，用清水冲去消毒液，切成适宜凉拌菜的形状。

②熟食的动物性原料和植物性原料要在熟制后切成需要的

丁、丝、片、块备用。

③加工好的拌制菜肴原料放入盛器，放入调味品，调拌均匀即可。

2. 操作要点

（1）凉拌菜要严格进行刀、墩、盛器的消毒，要生熟分开。

（2）凉拌菜调味一次成型，调味要准确，咸味调料不可投放过多。

（3）凉拌菜要食用多少，就拌多少，凉拌菜最好不二次复热加工。

3. 炖制菜肴操作实例

蒜泥白肉

①原料　猪肥瘦肉 600g、盐 3g、浅色酱油 10g、醋 15g、白糖 3g、清汤 25g、蒜 15g、味精 5g、香油 20g。

②制作方法　将猪肉洗净用沸水焯透，再换水把肉煮熟。冷却后，切成薄片。将大蒜捣成蓉泥与各种调料放入同一容器，调制成蒜泥味汁，将味汁倒入熟肉片中拌匀即成。

第二节　家居保洁

家居保洁的目的是通过对居室的清扫、擦拭、整理 3 个环节，使居室环境变得更加干净、整齐、美观、舒适。

一般家居保洁的基本的程序是：先打开窗户通风换气；整理床铺；整理摆放饰品、饰物；摆放桌椅；擦拭家具及用品；最后清洁擦拭地面，清扫擦拭的顺序是从高到低，从里到外。

一、墙面保洁

不同材料的墙面清洁方法有所不同。

（一）墙纸墙面

现代家居使用的墙纸材质，表面都比较平整、光滑，一般不易积灰，平时经常用鸡毛掸子掸扫，或隔几个月用吸尘器清理即可。

（二）油漆、多彩喷塑、乳胶漆墙面

油漆、多彩喷塑、乳胶漆墙面表面都比较平整、光滑，不易积灰，也容易清洁，平时经常用鸡毛掸子掸扫，或隔几个月用吸尘器清理即可。

（三）瓷砖、大理石、玻化石墙面

瓷砖、大理石、玻化石一般用来装饰卫浴室和厨房的墙面，卫浴室和厨房比较潮湿，易污染。

浴室中的墙面每天洗澡结束应及时冲洗，如有积垢，可以先喷洒瓷砖清洁剂或浴缸清洗剂，用海绵或抹布擦匀后，稍待片刻，再用清水冲洗，擦干。

厨房的墙面每天烹饪结束要用抹布擦拭，煤气灶边上的墙面较易沾染油烟，可先用少许洗洁精擦拭，再用湿抹布擦净。如油腻较重，可先用洗涤剂加去污粉清洁墙面，然后用清水擦拭。对于墙面的接缝处，也要擦干净，以免影响厨房整体美观。

瓷砖、大理石、玻化石墙面禁用钢丝绒、百洁布等坚硬、粗糙的工具清洁，以免破坏墙体材料的表面保护层。

二、地面保洁

现代家居的地面装饰材料很多，有地毯、木地板、复合地板、石材地面和地砖等。

（一）地毯

现代家居中，居室不同部位铺设不同材质的地毯。地毯的保洁首先要了解地毯的材质，然后采取相应的保洁方法，要求如下：

（1）各种材质的地毯对灰尘的吸附力都很强，必须每天用吸尘器吸尘。

（2）丝织地毯、羊毛地毯和混纺地毯一般不可水洗，如不慎沾染污渍，要尽快选用合适的地毯清洁剂进行局部清洁，地毯清洁剂使用前，必须先在地毯不显眼处试一下，看是否影响地毯色泽，如产生退色现象，则设法改用其他方法去除。

（3）化纤、塑料、草编地毯脏了可以水洗，用温水泡些肥皂粉或洗洁精，然后用刷子蘸洗涤液刷洗地毯，再用清水将地毯漂洗干净，放在通风处放平、晾干。注意不能直接放在太阳底下晒干，这样会使地毯变形、退色。

（4）为延长地毯使用寿命，地毯铺用一段时间后，应调换位置，使磨损均匀，如出现凹凸不平，可轻轻拍打，或用蒸汽熨斗轻轻将其熨平。

（5）地毯特别脏或使用了较长时间后，也可请专门的洗涤公司清洗。

（二）木地板与复合地板

由于木地板表面处理方法不同，保洁方法也各不相同。要求如下：

1. 打蜡地板　表面不油漆的打蜡地板每天可用软扫帚清扫，也可用布拖把或蜡拖把顺着地板的纹路拖扫，每隔一段时间要上地板油或打地板蜡，使地板保持光亮，延长使用寿命。打蜡的基本原则是“勤、少、薄”，上地板油或打地板蜡时要注意：在上地板油或打蜡前，地板一定要擦干净。打蜡时，先用软布将蜡均匀地涂于地板表面，稍待些时候，让地板把蜡“吃透”，再用蜡刷或钢丝绒放在蜡拖把下，顺着地板的纹路来回刷，直至刷匀，并清扫拖刷出的垃圾，最后用蜡拖把来回拖动，打光地板表面。上地板油时，用洁净的干布蘸上地板油擦拭，即可使地板表面光亮。

2. 油漆地板　平时可用软扫帚清扫，也可用吸尘器清洁。如有污迹，不要用汽油、苯、香蕉水之类的有机溶剂擦拭，以免损伤地板表面的油漆。可用半干的抹布或拖把擦拭，注意抹布不能太湿，以防地板受潮变形。防止直接碰撞、摩擦地板，以免损伤漆面或边角。

3. 复合地板　复合地板表面经特殊处理，能耐高温，耐酸碱，也比较耐磨，不易损坏。保洁要求与油漆地板相似。

（三）大理石、玻化石地砖地面

平时用软扫帚清扫，脏了可用湿拖把拖洗。但要注意这类地板的吸水性较差，拖擦时拖布要拧干，地面如有水渍要马上擦干，以防不小心滑倒。如有污垢或油污，可先用地砖清洁剂或洗洁精等清洁，再用湿拖把拖净。

三、家具保洁

家具保洁一般应使用棉纱、软布轻擦，还要根据家具表面的不同材料，使用合适的清洁方法，否则会损坏家具表面。下面分别介绍不同材质家具表面的清洁与保养方法：

（一）红木家具

红木家具高贵典雅，通常雕刻有各种花纹，表面用生漆揩擦而成，具有独特的抗腐蚀、抗霉蛀、耐高温、耐水等优良性能，但易积灰尘。红木家具可用干布、湿布擦拭保洁，家具的雕花装饰部分要经常用软毛刷或吸尘器清洁。在保洁过程中要注意：

（1）表面不能接触有机溶剂，如汽油、香蕉水等。

（2）表面不能用现代清洁用品。

（3）沾上污垢也不能用金属等利器刮削。

（4）对各雕花部分小缝隙里的积灰，可用充电式微型吸尘器帮助清洁。还可将吸食饮料的软管用胶带黏于微型吸尘器上，做成吸嘴来吸出，保洁效果较好。

（二）聚氨酯漆类家具

聚氨酯漆类家具豪华富丽，表面具有耐高温、耐腐蚀的特点，但耐水性、耐磨性能较差，平时要用柔软的干布擦拭保洁，还要定期给家具上光蜡保养。

（三）金属类家具

金属家具美观大方，配上装饰性玻璃十分漂亮。但金属家具怕潮，表面易被氧化。平时要经常用柔软干布擦拭保洁。使用和保养时要注意：

（1）不能用湿布擦拭，更不能用水洗。如有污垢，可选用金属清洁剂清洁，再用上光蜡等揩抹。

（2）不能放在厨房煤气灶附近，避免接触酸、碱等腐蚀性液体。

（3）要安置在干燥处，如表面有水迹，要及时擦干。

（4）如有锈斑，可用软布擦拭，不要用砂纸等硬物摩擦，更不要用刀刮。用软布擦拭时，也可加些醋涂抹擦拭，用干净抹布擦拭，可快速去除锈斑。

（四）藤制家具

藤制家具朴实耐用，但网眼里很容易聚积灰尘，应经常使用软刷子清扫保洁。如有污渍可将洗涤剂溶入温水，用软毛刷蘸着刷洗，用清水刷洗净后，再用布擦干。

藤制家具表面也可涂上一层蜡，既增加光洁度，又可起保护作用。

（五）沙发

1. 皮革面沙发　皮制的沙发在长期使用后，往往因为灰尘堆积而渐渐失去光泽，清洁时要注意：

（1）用柔软的干布擦拭，如沾染污迹，可先用干布蘸少许皮革清洁剂涂于表面污迹处，污迹去除后，再用潮湿的软布擦拭。

（2）可用香蕉皮的内侧来擦拭。香蕉皮内侧含有单宁酸，用它来擦拭皮革具有意想不到的效果。皮革制品用香蕉皮内侧擦拭后，再用干布擦一遍，即能恢复原有的光泽。

2. 绒面沙发　每天用微型吸尘器除尘清洁，也可将潮湿的毛巾铺在沙发上轻轻敲打，或将湿毛巾铺在绒面上用熨斗熨，然后清洗毛巾，如此反复几次，可吸去沙发绒面上的灰尘。

3. 布面沙发　平时用柔软干布擦拭，定期更换沙发套，按面料洗涤要求正确清洗，也可送专门清洗店清洗。对于易缩水的布面沙发套，要送专门清洗店干洗。

四、厨具保洁

日常烹饪中，锅、灶、碗、筷、勺等厨具的保洁工作频繁且琐碎，但直接关系家人的健康。要根据各自不同的保洁要求，认真做厨具保洁工作。

（一）锅

锅的材料品种很多，不管是做饭还是做菜，每次用完都要及时清洗。清洗的基本要求是：

（1）清洗后要擦干，放在通风干燥处，不要受潮，更不要长期用水浸泡。锅上有水迹，要及时用软布擦去，不要让其自行干透。

（2）锅底若有烧焦黏结，不能用金属锐器铲刮，也不能用钢丝绒、百洁布等粗糙的抹布擦洗，应用水浸软后，用竹、木器轻轻刮去，再用柔软抹布洗净。

（3）如果沾有油污，可浸入淘米水、剩面汤，或用有洗涤剂的水刷洗，然后用清水冲净，也可在烧煮时，趁热用干布擦。

（4）对表面的雾状物或熏黑的烟气，可用软布蘸去污粉或洗涤剂等擦抹，再用清水洗净后擦干。

（5）烧煮前，锅底要用干抹布擦干，不能有水渍，以免燃烧时产生二氧化硫和三氧化硫腐蚀锅底。

（6）电饭锅内锅可用柔软抹布水洗，但不要直接用来淘米。如锅底有黏结，可先用水浸泡一会儿，切忌用硬物刮洗，洗完后里外用软布擦干。外锅只能用湿布擦。外锅锅盖的内部有一个活动的内锅盖，要拆下水洗，其余部分用湿布擦干净。电饭锅的气孔和出水孔要保持清洁和畅通。

（7）不粘锅表面特别要注意不能用粗糙的清洁用品擦洗，如有黏结，可用水浸泡后，用软布洗净。不粘锅的内壁上有一种以聚四氟乙烯为原料制作的塑料涂层。当加热到 400℃ 以上时，这种涂层就会释放出有毒气体四氟乙烯。因此，千万不要让不粘锅空烧，若表面涂层不慎损坏，则不能继续使用。

（8）不要用不锈钢器皿煎熬中药，因为中药含有很多生物碱、有机酸等成分，特别是在加热条件下，常常会产生化学反应而使药物失效，甚至生成毒性更大的化学物质。

（二）灶台

灶台包括抽油烟机、燃气灶、水斗、水龙头、操作台等，每天清洁时要注意：

（1）凡是不锈钢的用品，都不能用钢丝绒、百洁布等比较粗糙的抹布来擦洗，否则会影响用具表面的光洁度，出现难看的条纹。

（2）水斗滤水盖等特别容易积垢的地方可以用软布蘸些去污粉擦洗。水龙头和水槽转角较难清理的地方，可以用牙刷蘸去污粉刷洗，再用水冲洗干净。

（3）水龙头若残留有硬水沉积物，可以将柠檬片向着龙头嘴用力按压并转动几次，便能消除。

（4）燃气灶常会累积油渍，可先将油污清洁剂喷湿厨房用纸，覆盖在上面，待几分钟之后进行清洁。煤气灶的锅架若有油污积垢，也可用纸巾包住，并喷上一些清洁剂，稍待一会儿清洗。

（5）灶台边瓷砖难除去的油渍，可以喷一些油污清洁剂再贴上厨房用纸，大约过 15 分钟，再进行擦拭。或是直接将少量的油污清洁剂倒在抹布上，擦去黄斑，再用清水擦洗。瓷砖缝等较难清洗的地方，可以借助旧牙刷刷洗清洁。

（6）抽油烟机是厨具中最难清洗的用具，由于每天直接与油烟接触，油烟常呈焦油状、积炭状沉积在风扇叶及其附件上。每天烹饪结束，可将油污清洁剂喷射在软布上，清洁抽油烟机外壳，及时去除油污。如不拆卸风扇叶，可选用可喷射的油污清洁剂。

（三）餐具

现代家庭中有各种材料制成的餐具，要掌握餐具的正确使用和保洁方法。

1. 陶瓷餐具　陶瓷餐具是家里餐具中最常用的，使用保洁要求如下：

（1）餐后一般用热水洗涤，如有荤腥油腻，可在洗碗布上滴少许洗涤剂，逐个擦洗油碗，然后用清水冲洗，擦干。

（2）新买的陶瓷餐具使用前，要用食醋浸泡2～3小时，以溶出餐具中所含的有毒物质，再用开水烧煮消毒，并冲洗干净方可使用。

（3）彩色陶瓷餐具要避免盛放酸性食品。

2. 不锈钢餐具　现代家庭中不锈钢餐具因其光洁、耐用，越来越受欢迎，但若不注意正确使用和保洁，也会影响健康。

（1）用软布清洗，洗后要擦干，不要留有水迹。

（2）不能长时间盛放强酸或强碱性食品，以防其中铬、镍等金属元素溶出。

（3）切勿用强碱或强氧化性化学药剂洗涤。

3. 铁、铝餐具　研究发现，铝在人体内积累过多，可引起智力下降、记忆力衰退和老年性痴呆，因此使用铝制餐具时要避免用强碱或强氧化性化学药剂洗涤。铁制餐具安全性好，但不宜与铝制餐具搭配使用。

4. 塑料餐具　应尽量选择没有装饰图案的无色无味的塑料餐具，并不要用皂液清洗，否则会使表面软化发黏。

5. 筷子　最好选用无毒且符合卫生标准的竹制或木制筷子。

（四）其他用品

1. 砧板　最好用木质的，但木质的砧板有拼缝或蛀孔，且经常处于潮湿状态，容易发霉和滋生病菌。据有关资料分析，使用7天的砧板表面每平方厘米病菌多达20万个，因而使用砧板要重视经常洗刷消毒。常用的洗刷和消毒方法有以下几种：

（1）砧板每次切完菜或剁完肉馅后，应用清水刷洗，并用刀将板面的残渣刮净，清洗完毕，用干净的抹布揩干。每隔6～7天在板面上撒一层盐，这样既可杀菌，又可防止砧板干裂。

（2）切过鱼的砧板，洒点醋再放在阳光下晒干，然后用清水冲刷，有助于去除腥味。

（3）砧板使用 1 周左右，先用硬刷和清水将砧板表面和缝隙洗刷干净，然后用 100℃的开水冲洗一遍。也可放入浓盐水中浸泡几个小时，取出阴干。这样不但可以杀死细菌，而且可防止干裂，延长使用寿命。

（4）砧板用久了，会产生怪味，用生姜或生葱将砧板擦一遍，然后一边用热水冲，一边用刷子刷洗，有助于去除怪味。

（5）每次用完要放置在靠近窗口通风处晾干，让阳光照射，阳光中的紫外线有杀死细菌的作用。

（6）砧板和刀具要严格做到生熟分开。

2. 碗柜的清洁　碗柜是存放餐具的地方，应该经常进行擦拭清洁，以保持干净，避免餐具二次污染，可每天用清洁抹布擦拭碗柜的表面和隔层，如果隔层上有垫纸，垫纸应经常更换。应定期将碗柜内的物品取出，用洗洁剂彻底清洁一次。碗柜应注意防蛀、防鼠、防蟑螂。

3. 油污玻璃的清洁　厨房里的玻璃常常被油烟熏黑，不易清洗，可以用抹布蘸些湿热的食醋擦拭。也可以在玻璃上先涂一层石灰水，水干后用布擦拭即可。还可用醋与食盐的混合液来刷洗。另外也还可用布蘸煤油或白酒擦拭去污，或使用一些清洁剂擦拭也可以达到较佳的清洁效果。

五、洁具的保洁

洁具主要有洗脸盆、浴缸、便器等。一般比较光洁易清洗，保洁方法和要求如下：

（1）洗脸盆和浴缸表面、转角、接缝处、排水口，如有污渍、水垢和锈斑可用浴室清洗剂等轻喷，过 5 分钟后用干布擦去，再用清水洗净。清洁时要使用柔软的抹布，不宜使用硬毛刷清洗脸盆、浴缸，禁用钢丝绒、百洁布。

（2）便器表面一般可用水冲洗干净，如内侧有积垢，可倒入适量洁厕净或煤酚皂溶液（来苏水）、漂白水等其他专用清洗剂，用便器刷子刷洗四周。如污垢较重，可浸泡几分钟之后再刷洗，接着用清水刷洗，最后用抹布分别将便器及地面擦拭干净。

（3）洁具清洁过程中要根据材质正确选择使用清洁剂，提高工作效率。

（4）洁具的清洁要特别注意：清洁工具各司其职，根据用途分别使用、洗涤、晾晒和放置，切不可混淆使用，避免交叉感染。

（5）在清洁工作中，家政服务人员要注意保护自己双手和身体。无论选用何种清洁剂刷洗洁具，都要戴上手套，在使用挥发性强、有刺激性气味的清洁剂时，还应戴上口罩。

六、清洁剂的性能和使用常识

根据用途不同，清洁剂可分为洁厨、洁厕和清洁其他物品三大类。

（一）洁厨用品

洁厨用品如洗洁精、油污清洗剂、消毒清洁剂等，可提高厨房保洁工作的效率。

1. 洗洁精　洗洁精是一种去污力强、安全无毒的清洁用品。使用时可先将洗洁精挤于海绵或洗碗布上清洗餐具和其他厨房用品，再用清水冲洗干净。也可将洗洁精稀释在水里，用于浸洗蔬菜、水果和餐具，帮助去除表面农药残留与油腻污染，注意一定要用清水冲洗过，方可用餐和食用。

2. 油污清洗剂　油污清洗剂是一种乳化剂，不含碱，一般不伤皮肤，适用于清除厨房特别油腻的污垢。使用时将油污清洗剂喷在污垢处，稍待几分钟，油污清洗剂会使油污发生乳化，然后用干抹布擦，油污可以比较容易地去除。油污清洗剂可以用于不锈钢、大理石等多种器物表面。

3. 消毒清洁剂　一般用于水果、蔬菜、茶杯、餐具、砧板等的消毒，也可用于冰箱和其他硬质表面的洗涤消毒，可杀灭多种细菌。消毒清洁剂可用原液直接涂擦，或喷于待处理物品的表面，再用干布擦净；也可加水稀释后使用，稀释的比例要依据消毒清洁剂的说明，针对不同物品选择不同的稀释比例。使用时要特别注意以下几点：

（1）油漆表面要慎用。对未知表面，可先在不显眼处试验一下，证明对表面光亮度和颜色无影响后，方可使用。

（2）消毒清洁剂不可与其他洗涤剂混合使用，以免产生对人体不可预知的伤害。

（3）使用消毒清洁剂时要戴上橡胶手套，保护双手皮肤。

（二）洁厕用品

一般打扫卫生间所用的洁厕用品主要有浴缸清洁剂、洁厕剂和自动冲洗洁厕剂。

1. 浴缸清洁剂　浴缸清洁剂酸碱度为中性，对浴缸表面无损伤，能清洁浴缸表面常见的皂垢、水垢、黄斑，也可用于脸盆、瓷砖、搪瓷等表面的清洁。使用时在距污渍 20cm 处轻喷，待 1～2 分钟后用湿布或海绵抹净，再用清水冲洗。日常清洁过程中，如污垢不明显，可将浴缸清洁剂与水按 1 ：（10～20）的比例配制成溶液后使用。

2. 洁厕剂　洁厕剂大多是专业导向式喷嘴结构，能使洁厕液均匀地喷射在坐便器四周，其特有的增稠液体能附着在坐便器内壁，有效清洁杀菌，消毒除臭，确保坐便器清洁卫生，并且对坐便器表面无损伤。洁厕剂一般仅限于洁厕，不可用来清洁瓷砖、地面。

洁厕剂使用时要戴上橡胶手套，并注意不要与漂白水或其他化学用品混用。

3. 自动冲洗洁厕剂　自动冲洗洁厕剂含有特殊高效清洁微粒，能在厕盆周壁形成特殊防护膜，每次冲水后，清洁微粒随水流自动清洗厕盆表面，防止形成污垢和锈斑，能保持厕盆清洁卫生，同时起到杀菌作用，还能保护陶瓷和金属表面。但第一次使用时自动冲洗洁厕剂时要彻底刷净厕盆。

（三）其他表面清洁用品

家居中其他表面清洁用品也不少，简单介绍如下：

1. 家具清洁护理喷蜡　家庭中使用较多的是碧丽珠，它含有丰富硅油和乳蜡，适用于各种木质、皮革聚酯、防火胶板、大理石等家具表面护理清洁，使用很方便。

使用前先摇匀，直立罐身，在距家具表面约 15cm 处轻轻一喷，再用柔软干布擦拭，去污、除尘、上光一次完成。给家具全面保护，能使家具表面光洁如新。

2. 玻璃清洁剂　能分解玻璃表面污垢，去除玻璃表面的油污，彻底清洁，不留水痕，不易附灰，使用以后还能在玻璃表面形成一层光亮的薄膜，不易再污染。使用时将玻璃清洁剂距玻璃 20cm 处喷射，均匀地喷在玻璃表面，用擦窗器或干布轻轻擦拭即可。

3. 墙纸清洁剂　墙纸清洁剂是一种含有特殊表面活性剂的清洁剂，它能够非常有效地清除墙纸表面的各种污垢，并且不伤墙纸。使用时将清洁剂在离墙面 20cm 处喷于污垢处，10 分钟后用干布轻轻擦净。

4. 地毯清洁剂　使用时，将地毯清洁剂均匀喷洒在污垢表面，待其充分渗透 3～5 分钟后，用干抹布或海绵做局部清洁，可以除去油墨、酱汁、红茶、咖啡、污水等污渍。它也可以用于清洁沙发、窗帘等。但要注意：在使用前先在隐蔽处试用一下，观察是否会使织物退色，如果退色就不能使用。

七、提高环保意识，减少环境污染

在进行保洁工作时，使用各种清洁剂会给环境造成新的污染，而且这些化学物质在使用之后，顺着下水道被冲入河川和海洋，会造成长期生态污染。有的可能还会遗祸子孙。

作为家政服务人员一定要提高环保意识，尽量使用绿色无毒清洁用品，合理使用各类清洁剂，同时要注意节约用水，重视环保节能，积极想办法寻找安全自然的替代品，减少环境污染。我国传统的保洁用品和方法不少，如淘米水、洗面筋水、黄豆粉、面粉、小苏打粉、煮面的水、热水可代替化学清洁剂清理台面；柠檬汁可去油污及漂白；切开的柠檬，放入冰箱可当除臭剂；茶叶水可去油污；沙子可用来刷铁锅；白醋加冷水可擦玻璃及消毒；用剩的牙膏可擦洗厨房用具，如灶台、冰箱等；粗盐可泡洗蔬菜和水果；无色素和香料的肥皂，可用来洗手、洗衣物、洗抹布等，是最安全又不破坏环境的清洁剂，还可用热水将肥皂溶化，放入瓶中，作为一般去污剂，清洗油垢效果很好；碱用热水泡开之后再加少量温水，可用来清洗油腻较重的餐具、用具。

第三节　衣物的洗涤、晾晒与摆放

一、衣物的一般特性

人们在日常生活中所穿戴的衣物面料所用的纺织纤维种类很多，但就纤维材料特性来说可分为两大类：一类是自然界天然生长，而且可以直接用来纺纱织布的，称为天然纤维，例如棉花、麻类、羊毛和蚕丝等。根据天然纤维的来源，可分为植物纤维（麻、棉）和动物纤维（毛、丝）。另一类是化学纤维，即用天然的或合成的高分子化合物为原料，经过加工制成的纺织纤维。其中用木材、芦苇、棉短绒等为原料的纺织纤维，称为人造纤维，如人造棉、人造丝等。而以煤、石油和天然气为基本原料的纺织纤维，则为合成纤维，如涤纶、锦纶和腈纶等。这些不同种类的织物纤维制作出的衣物有着不同的特点。用天然的棉、麻、毛或丝制作的衣物穿着凉快、吸汗、透气性强，但易掉色，色牢度差，洗涤后须熨烫。用人造的合成纤维，像人造丝、涤纶和腈纶等制作的衣物经磨耐用、定型好、不易脏，但透气性差，摩擦后易产生静电，吸附灰尘。

二、洗涤剂的性能和用途

洗涤衣物的过程中，洗涤剂起到很大的作用。各种洗涤剂的性能和适用范围有所不同：

（一）肥皂

肥皂的主要成分是脂肪酸钠盐。其总脂肪物含量的高低是肥皂中有效成分的标志，表明肥皂去污效果的优劣。肥皂属碱性，主要用于洗涤棉、麻，以及涤棉混纺服装、床上用品和毛巾等。

（二）皂片

皂片中总脂肪物含量为83％～85％，游离碱含量在0.05％以下，所以它的去污力强，使用面广。皂片也称中性皂片，实际上是弱碱性，正是由于它皂质纯净，性能温和，溶解迅速，使用方便，因而成为洗涤服装的佳品。皂片主要适用于洗涤精细丝绸、毛料服装和毛涤等怕碱的衣物。

（三）洗衣剂

洗衣剂的种类很多，可根据服装的质地使用不同种类的洗衣剂。碱性大的洗衣剂用于洗涤油垢大的棉布衣物，加酶洗衣剂用于洗涤有血渍或奶渍的衣物。

（四）洗衣粉

洗衣粉具有肥皂所不具备的很多优点，是理想的洗涤用品，市场上的洗衣粉主要有以下几类：

1. 高泡洗衣粉　这类洗衣粉泡沫丰富，去污力强，一般适用于手工洗涤衣物，可用于洗涤棉、麻、丝、毛、化学纤维的衣物。

2. 中泡洗衣粉　这类洗衣粉泡沫适中，在漂洗时泡沫消失较快，经一两次漂洗就可漂洗干净。这类洗衣粉去污力强，适用范围广，既可手洗也可机洗，对各种纤维衣物的去污效果都比较好，尤其适合洗涤尼龙（锦纶）、涤丝绸等织物。

3. 低泡洗衣粉　这类洗衣粉适合在大洗衣机内使用。

4. 加酶洗衣粉　这类洗衣粉特别适用于血渍、奶渍、汗渍、果汁渍、茶渍等污斑的洗涤。用加酶洗衣粉洗服装领子、袖口等处，去除污垢效果较好。

三、洗涤一般衣物

（一）衣物洗涤的一般常识

（1）内衣牢度较差，洗涤时会掉落许多毛屑，若和外衣一起洗，毛屑就会沾在外衣上，不易刷掉，穿起来也很不美观。内衣一般贴身穿着，而外衣是在外面穿着，一般比较脏，很可能带有脏物病菌，若混在一起洗涤，容易污染内衣，很不卫生。内衣多带有汗液，汗液中的蛋白质一般不溶于水，若和外衣混合洗涤，水中的蛋白质会使外衣变黄。

（2）易掉色的衣物要分开洗涤。在洗涤衣物前要做各项准备工作，其中最主要的是将衣物分类。这样做可以避免造成各种洗涤事故。例如易掉色的衣物在洗涤时容易掉色，如与其他衣物同洗，就容易造成串色、搭色、质料损坏、织物纤维变形、服装结构走样等，应按衣物形态、脏净程度、新旧分类。对一些"娇嫩"轻薄的服装，洗涤时要格外小心，以免造成破损。

（二）洗涤衣物的方法

1. 湿洗　即水洗，顾名思义，就是用水来洗衣服。

（1）手工洗衣　正确的方法是先用温水浸泡脏衣物，让衣物充分湿透，但不宜浸泡时间过长，尤其是特别脏的衣物，泡的时间越长越难洗净。一般浸泡的时间为 15 分钟左右，水温不超过 40℃ 为最佳状态，另外洗衣物要有重点，衣物的袖口、领口一般较其他部位脏，应多加些洗涤剂，重点揉搓，重复清洗几次，直到干净为止。

（2）用洗衣机洗衣　首先应当按照衣物的新旧程度和织物牢固度分开洗，不同质地的衣物不要混在一起洗涤。棉毛织物结构疏松，容易损坏，掉毛屑，易粘在其他衣物上，若用洗过棉毛织物的水再洗深色衣物，掉下的毛屑就会粘在深色衣物上，干后很难刷掉。洗衣时，应先洗浅色衣物，再洗深色衣物；先洗牢度强的衣物，再洗牢度差的衣物；先洗新衣物，再洗旧衣物。

2. 干洗　也叫化学清洗法。就是用化学洗涤剂，经过清洗、漂洗、脱液、烘干、脱臭、冷却等工艺流程，从而去除污垢、脏渍的方法。干洗一般为专业性较强的工作。

（三）洗涤标志

洗衣前要格外注意衣物上的洗涤标志，并严格按其规定洗衣。

四、衣物的晾晒与叠放

（一）衣物的晾晒

1. 合成纤维织物　一般不宜在日光下直接曝晒，应在阴凉、通风处晾干。衣物在冬季适当地晒一下可防霉增暖，使衣物蓬松。晾前最好先挤掉水分。上衣最好用竹竿穿着两只袖子晾，不能从领口经正身穿在竿上，以防上衣变形。裤子最好平搭在竿上或用衣架挂在绳上。

2. 棉麻衣物　可以直接在日光下晾晒，花色衣物最好反晒。晾晒前，应将衣物抻平拉直。

3. 丝绸织物　宜在通风处晾干，晾到八成干时，以白布覆盖进行熨烫。

4. 尼绒织物　宜在阴凉通风处晾干。

5. 绒线织物　洗后将其放在塑料网兜或篮子内滴净水滴后，再放到阴凉通风处晾干。

（二）衣物的叠放

1. 上衣　一般质地的上衣可直接将双袖重叠取衣领中线对折整齐，再拦腰折好即可。质地较贵重的上衣可参照成衣店的折叠方法去折叠。毛料衣物及近期穿的丝绸上衣洗烫后可挂在衣橱内，不用再折叠。

2. 裤子　有裤线的裤子，一定要对准裤线折叠，不然折出的裤子会出现重复的裤线，穿起来很难看。没有裤线的裤子，可以前裤门为中心线折叠，也可以侧裤扣为中心线折叠。近期常穿的毛料裤子可用衣架挂在橱内或衣钩上。不常穿的或一般麻棉裤子可叠放在箱子里。

3. 覆盖织物　如被单、桌布等一般是对边相折，折好后叠放在橱柜或箱子里。

第四节　家用电器及燃气具的使用

一、家用电器的使用方法和注意事项

(一) 电冰箱的使用方法和注意事项

(1) 电冰箱应放置在室内通风良好的地方，应距离墙面10cm 以上，周围忌热源，避阳光照射。电冰箱放置要平稳妥贴，尽量避免碰撞、振动。

(2) 合理调节温控旋钮，应根据存放食物品种和数量的不同、气候和季节的变化恰当地选择箱温，以维持最佳冷藏效果。

(3) 电源应用三芯安全插头和插座，并安装安全保护接地线，以确保安全。切勿将原配三芯插头改换为两芯插头使用。

(4) 冷藏食物不宜过多堆积，必须按食物所需不同冷藏温度分别存放，食物之间应留有一定空隙，以利冷空气交换对流。荤腥食物应用塑料袋或保鲜纸包裹贮存，以避免有异味，相互污染，不利保持鲜度。热的食物应冷却后再放入冰箱。

(5) 不要经常打开箱门，并尽量缩短开门时间以免热空气进入，额外增加压缩机工作量。

(6) 经常进行除霜，但忌用金属工具刮铲，以免损坏蒸发器。

(7) 使用过程中要注意保持箱内的清洁卫生，及时清除箱内的残留物。一般使用 1～2 周后，应停机，用浸有温水的软布擦洗箱体内胆，以及食品搁架、盛器等附件；水果、蔬菜、生食品须洗净、沥干后才能放入箱内。生鱼、生肉应先装入塑料袋进行急冻，使其外表部分形成冻结层后，再放入箱内温度较低的位置保存。此外，还要注意将生熟食品分开放置，以免造成交叉污染。

(8) 遇到停电，尽可能不要打开冰箱，以延长食品保鲜时间。如果事先知道停电时间，则应将温控器调节至"冷"的位置，使冰箱达到最大冷冻温度，或预制大量冰块，以利冷藏食品的保鲜。

（9）冰箱长期不用时，应将电源插头拔下，并将箱内食物全部取出，待箱内冰霜融化后，对其进行清洗、擦干，并将箱门稍许打开，以利通风，除去异味。

（10）搬运或移动电冰箱时，倾斜角度不能超过 40°，并注意勿碰撞后面的冷凝器，以免冷凝器变形、损坏。

（二）微波炉

（1）不能将有磁性的物品放在炉子里面或靠近炉子，因为磁性物质会干扰微波的均匀分布，从而使磁控管的工作效率下降。

（2）在使用微波炉时，不能去查看磁控管及其他电路部分。

（3）微波炉内无食品时，不能通电空烧，因为微波无法被吸收，容易损坏磁控管。

（4）食品大小、厚度要均匀，以免烹调后食品内外成熟度不同。

（5）冷冻食品最好先解冻再烹调，避免食品外熟里生。

（6）盛放食品的容器必须是非金属材料，禁止用金属材料容器盛放食品，以免在通电后金属制品反射微波，干扰炉内正常工作，而致微波炉损坏。

（7）炉门开关要轻，避免用力过猛损坏密封装置，造成微波泄漏或缩短炉门使用寿命。

（8）严禁将密闭器皿放入微波炉内，否则有发生爆炸的危险。

（9）使用一段时间后，微波炉内部便会散发出一些异味，此时，可将柠檬皮或柠檬汁加半杯水放在带盖耐热的容器内加热，然后用一块干净的软布蘸柠檬水擦拭微波炉内部，即能除去异味。微波炉烹制鱼类食品后，炉内会留下强烈的鱼腥味，可用半杯醋加半杯水烧开，然后将其放凉至 35℃左右，再用一块干净的软布蘸醋水擦拭微波炉内壁，便可将鱼腥味除去。

（三）高压锅

高压锅是一种利用气压缩短烹调食物时间的厨具。极其良好的封密使锅内气压在加热时得到提高，令锅中水的沸点升高，食物在其中因得到更多的热而更快被煮熟。使用时稍有不慎易发生喷溢、爆炸等意外事故，造成人身伤害。在使用时要注意以下几点：

（1）在使用前要仔细检查锅盖的限压阀气孔是否畅通，安全阀是否完好。

（2）烧煮时锅内食物不能超过容量的 4/5，加盖合拢时，要注意旋入卡槽内，上下柄对齐。烹饪时，当蒸气从气孔中开始排出后再扣上限压阀。

（3）当加温到高压锅限压阀发出较响的嘶嘶声时，应立即关闭火源，降低温度。

（4）如发现排气孔堵塞，要及时清洗，去除积垢异物。

（5）如发现安全阀排气，要及时更换易熔片，切不可擅自以其他物品代替。

（四）吸尘器

1. 使用方法和注意事项　无论吸尘器属于哪一类型，在使用吸尘器前均应仔细阅读使用说明书，严格按照说明书阐述的操作方法进行工作。在使用吸尘器时应注意以下几点：

（1）每次在使用吸尘器前应检查集尘袋（箱）是否清洁干净。

（2）每次使用的时间不宜过长，最好不超过 1 小时，以防止电机过热而烧毁。

（3）有集尘指示器的吸尘器，不能在满点位工作。若发现接近满点，应立即停机进行清灰。

（4）不能用吸尘器吸潮湿的泥土、泥浆、燃烧的烟灰或金属碎片。

（5）吸尘器在工作时必须有人看管，以防止损坏其电机，发生其他危险。

2. 相应知识　为确保吸尘器的性能和使用寿命，每次使用完后均应对吸尘器进行清洁、维护和保养，其方法如下：

（1）清除积尘的同时将吸尘器及附件用湿布擦拭干净并晾干。

（2）清灰后的集尘袋（箱）应洗涤干净，并晾干后备用。

（3）吸尘器用后应将刷子上的毛发类杂物清除干净，并检查刷子磨损情况。如刷子磨损或掉毛较为严重，则应更换新刷子。

（4）吸尘器在使用过程中如发现声音异常，应立即关机并切断电源，检查各紧固部件。如发现有松动，则应立即紧固。

（5）当电机过热时，应立即关机并切断电源，检查集尘袋（箱）灰尘是否已满。如集尘袋（箱）已满，则应立即将灰尘清除干净，否则，将降低其吸力，妨碍电机散热。

3. 吸力下降　在使用吸尘器的过程中，如吸力下降，则应及时切断电源并查清原因，采取相应措施。常见的原因及处理措施如下：

（1）吸尘器的吸口被堵塞，只要将堵塞物清除掉即可恢复吸力。

（2）集尘袋（箱）中灰尘已满，应停机清除灰尘。

（3）集尘袋（箱）潮湿，应将其晾干并清理干净。

（4）电刷磨损，应请专业维修人员予以更换。

（5）电机本身发生故障，应请专业维修人员检修。

（五）电热水器使用方法和注意事项

（1）首先要关闭冷水阀，再打开球阀给热水器注水，至喷头连续大量出水，表明热水器已注满水，此时应关闭球阀，并检查各接头处是否漏水。

（2）在确认水已注满，各接头处不漏水后，将温控调节器旋钮旋至最高温度处，将漏电保护插头插入插座，按下复位按钮，插头上的电源指示灯亮，此时热水器指示灯亮，热水器开始加热。在加热过程中，喷头会有水珠滴下，属正常现象。

（3）当水温达到设定温度时，指示灯熄灭，表明热水器停止加热，处于保温状态；当水温低于设定温度时，温控器会自动启动，继续加热。

（4）热水器内胆中的水是循环流动的，因此，只要首次使用后，内胆中的水总是满的，在此情况下可连续通电，以方便使用。

（5）淋浴时，先打开进水球阀，这时喷头会有水流出，然后慢慢调节冷水旋钮（调温时喷头不要朝向人体，以免烫伤），使冷热水混合，同时以手测试喷头的出水温度，直至调到所需的温度为止。

（6）若家中无良好的接地，淋浴时一定要切断电源。

（7）热水器和电源插座应安装在水喷淋不到的干燥处，热水器要确保安装牢固。

（8）首次使用时，必须加满水再接通电源。初次注水时，一定要旋紧冷水阀，否则，会有水从喷头流出，使人误以为水已注满，从而接通电源而损坏电热元件。

（9）在寒冷地区的冬季，若长期不使用热水器，可以卸下单向安全阀，将水排空以防冻。

（10）如果在正常使用时，漏电保护插头的复位按钮自动弹起，则说明热水器有漏电现象，应及时与热水器厂家联系维修，禁止自行维修。

（11）在使用热水器时，如果发现喷头喷出的水温度低，即使把温控器旋钮旋至最高点，温控指示灯仍然不亮，表明热水器内胆缺水干烧，防干烧保护装置已启动。此时只需切断电源，给热水器注满水，再接通电源即可。

（12）在不使用热水器时，要关闭进水球阀，防止进水管破裂。

二、家用燃气具的使用方法和注意事项

（一）燃气热水器

1. 燃气热水器的使用方法和注意事项

（1）首先关闭水阀门，将煤气阀旋钮旋至"关"位置，打开煤气阀门。然后将煤气阀旋钮向里推，逆时针方向旋至"点火"位置，当听到"咔嗒"声后，点火燃烧器被点燃。

（2）当确认点火燃烧器被点燃（可通过观察孔确认），持续20秒钟后再放开煤气阀旋钮，并继续逆时针方向旋至"开"位置。打开水阀，主燃烧器自动点燃，出水口即流出热水。

（3）转动水温调节旋钮，将水温调至所需要的温度。当不需要高温热水时，可将煤气阀旋钮旋至"半开"位置，可以经济地得到适量、适温的用水。

（4）当间歇使用热水时，可用冷水进口阀门或热水出口阀门的开关来控制热水器的运行和暂停（这时主燃烧器随之点燃、熄灭，而点火燃烧器不会熄灭）。

（5）夜间或长时间不使用热水器时，要将煤气阀先旋至"关"位置，再关断煤气阀门和水阀门。

（6）第一次使用或长时间不使用的热水器时，因为在管道中积存有空气，点火燃烧器不易点燃或火焰较小，点燃燃烧器困难，所以初次点火时要重复几次点火操作，将空气排出后才可点着火。

（7）热水器上部烟道口处切忌放任何物品。

（8）在间歇使用时，最初水流的温度较高，要注意防烫伤。当使用热水器时，不要在几处同时使用热水，以免相互影响水温、水量。

（9）若水质较硬，为了避免结垢现象，最好在热水器使用完毕后，先将煤气阀旋钮旋至"关"位置，待热水出口流出冷水后，再关闭进水阀门，以免内部结垢和长期承压。

（10）外出或就寝前，一定要关闭煤气阀和煤气阀门。如果发现有煤气泄漏，则应立即关闭煤气阀和燃气阀门，打开门窗换气，并报有关单位检修，严禁在现场点火。

2. 燃气热水器的日常保养

（1）要经常检查供气管道（橡胶软管）是否完好，有无老化、裂纹、渗漏等现象，一旦发现存在这些现象要及时处理。

（2）经常注意有无漏水、漏气现象，以便及时处理。

（3）经常留意火口的火焰是否变小，火焰是否属正常燃烧，发现异常要及时处理。

（4）经常用湿布把外壳表面的脏物、污垢等擦净，然后用干布抹干，不易清除的污物可用中性洗涤剂擦除。

（5）塑料制品、印刷面、喷涂面等不宜用强力洗涤剂和汽油等来清洗。

（6）点火电极部位有脏物时，应用干布擦拭干净，以保证点火质量。

（二）燃气灶

（1）要经常检查灶具、气罐和管路连接处有无漏气的地方，可用肥皂水涂抹各要检部位。若发现起泡即说明有漏气，应及时修理。

（2）非自动打火的燃气灶，要先点火再放气，然后再坐锅，室内要通风，不要长时间关闭厨房门窗。

（3）煤气罐要直立放置在易于搬动的地方，切忌平放或倒放。安放位置应选择阴凉、干燥、通风，以及远离火、暖气片的地方。

（4）使用煤气灶时，不要长时间离开，以免风吹灭火苗或汤汁溢出浇灭火苗而发生事故。若发生煤气泄漏，切不可点火，以免发生事故（爆炸）。

第五节　采买与记账

家政服务人员在日常工作中需要经常为雇主购买日常用品和管理日常开支。

一、采买

家政服务人员为所服务的家庭采买物品是必不可少的工作之一，应掌握有关购物的技巧。家政服务人员购物的主要任务是买食品，买食品时应注意以下几点：

（一）了解市场行情，收集商品信息

平时上市场，要把有关物品出售的地点和价码记在心里，知道什么东西该去哪里买，什么货物是什么品牌的，什么时候是购物的最佳时间等。

（二）学会比较选择

购物时应做到三勤，即脚勤、嘴勤、眼勤。多走几个地方，多做比较，方可心中有数。买菜要去大菜市场或农贸市场，不同菜市场、不同的菜摊、不同的时间价格均不一样，要想买到价廉物美的商品，就应做到货比三家。

（三）注意蔬菜的质量和营养

鉴别蔬菜的质量，首先要看蔬菜质地是否鲜嫩；其次要看蔬菜是否光亮，水分是否充足；最后还要看蔬菜表面是否有伤。

蔬菜的价格并非与养分成正比。一般情况下，蔬菜色彩越深，养分越高，其规律是绿色的养分最高，黄色或杂色次之，白色最低。

（四）了解食品质量的鉴别知识

对于经常要到市场买菜的人来说，懂得一些鉴别食品质量的知识是很有必要的。

1. 肉类（猪、牛、羊肉）　鲜肉有一种固有的香味，表面微有干膜，肉色淡红发光，指压时有弹性，肉汁透明。鲜肉切口处由于肌红蛋白暴露于空气中而呈紫红色，暂时放置则氧化成鲜明的红色，长时间放置会变成褐色，不新鲜的肉表面干燥或极为湿润，呈灰色或淡绿色，无光泽，无弹性，发黏，有腐臭气味。

2. 蛋类　鲜蛋表面粗糙，在阳光下或灯光下时呈半透明，蛋的轮廓清晰。鲜蛋密度为 1.08 左右，变质蛋密度可降至 1.03 左右，故当放入密度为 1.03 的盐水中（60g 食盐溶于 1000 毫升水中）时，鲜蛋立即下沉；刚开始变质或时间已很长的蛋则一端向上，另一端缓缓下沉；完全变质的蛋则上浮在水面。一般质量差的蛋表面光滑发暗，振摇时响声明显，对光照射发暗或有污点。

3. 饮料类　优质饮料应该没有沉淀，不漏气，开瓶后具有原香味，如有混浊或沉淀，有异味，无论是汽水、汽酒、果子汁，还是补酒、露剂均表示已变质。

4. 鱼类　市场上出售的鱼类有鲜鱼和冻鱼两类。

5. 主食品类　优质大米，颗粒饱满，颜色洁白，抓一把米在手中拨开，没有发现杂质和虫蛀，闻起来有米香味而无杂味。

米面制品从出厂日期和保鲜期、保质期确认食品的新鲜程度，并闻其有无异味。

6. 罐头类食品　各种精制的美味食品和加工调制的水果，为了便于保存、携带，常常装在铁皮罐或玻璃瓶内加以密封，制成罐头食品。

鉴别罐头质量的优劣，一般先看罐头的出厂日期；再看罐头的形体。如果是玻璃瓶装罐头，还要观看瓶内食物的形态与颜色。铁皮罐头的保存期一般为 2 年，玻璃瓶罐头为 1 年，购买时，应仔细查看罐头上的商标及所注明的出厂日期。

另外，要查看罐头的形体，铁皮罐头先看接缝卷边的地方有没有凹陷或凸出。如果有，罐头上就可能有缝隙。再看看罐头外皮有无铁锈，如果有铁锈，罐头上就可能有孔眼。罐头有了缝隙和孔眼，空气就会进入罐内，引起食品的变质腐败。然后，再观看罐盖和罐底。正常、完好的罐头内气体少，气压低，盖和底一般是向内凹陷或平的，罐身洁净，有光泽，焊锡完整，封口严密。如果罐头内的食品变质了，细菌便大量繁殖，产生二氧化碳气体，就会使罐内压力增大。当罐内压力大于外界空气压力时，罐盖和罐底就会膨胀凸出。另外，还可以把罐头拿起来，用手指按压它的底部，一直按到铁皮上出现压坑为止。稍等一段时间以后，如果压坑处开始复原（哪怕只有一点点复原），就说明罐内食品已不新鲜了。

玻璃瓶装罐头质量好坏的判别方法：如果是铁皮瓶盖，盖中部向内凹，瓶内食品颜色正常，汤汁清澈，瓶底内没有沉淀物，食品块形完整，则说明瓶内食品是好的；如果瓶内食品变色、汤汁混浊、有沉淀物等，则说明食品已经变质。

7. 水果类　不同水果的风味各不相同。家政服务人员要了解雇主家庭成员喜欢吃哪些品种的水果。

观察水果品质最直观的方法是看水果表面。好的水果颜色鲜艳，外形端正，嫩细光滑，富有光泽。多数成熟的果品有较浓郁的芳香。

二、怎样讨价还价

讨价还价是市场运作的正常现象。学会这方面的常识，可以减少家庭开支和不必要的损失。

（一）讨价还价的范围

在许多私营商铺、自由市场里，许多商品的成交价格不是由国家制定，也不是由卖主单方面确定，在这些店铺里购买商品，可以买卖双方经过协商和争议共同确定物价。

（二）讨价还价要有恒心

在讨价还价中，卖主往往会不惜时间和精力，运用多种手段，从多方面说服购买者，作为买者，如果不懂得讨价还价，就容易吃亏，使本来可以得到的利益最终得不到。

（三）讨价还价的方式

讨价还价的方式有很多，主要有威胁、说服与教育、诱导和虚张声势的方式。

但要记住一点，千万不要为贪便宜将一些假冒伪劣产品买回来。伪劣食品不仅没有营养价值，还会危害健康，那是得不偿失的。

三、记账

家庭服务员在每天采买结束后，为了很好地掌握每天的消费情况，应及时记录有关账目，并制定详细的账目表，以备雇主随时查阅。

（一）记账的好处

1. 可以及时发现开支上的问题　每天上市场时带多少钱，买了什么物品，该剩多少钱，通过记账，就一目了然了。一方面可以了解每天实际开支情况，如果超支或剩余太多，就应该及时调整；另一方面还可知道有没有丢失现金，如果有，就能及时发现，这不仅应向雇主说清楚，还要提醒自己以后多加小心。

2. 可以避免与雇主发生矛盾　实行每天记账，有账可查，既可以避免矛盾，还能提高自己的信誉。

（二）怎样记账

日常开支一般采用"收支流水账"的记账方式，基本内容包括"收入""支出""结余"三个部分。

记账时要注意以下几点：

（1）要养成每天记账的习惯，不然会漏记或忘记。

（2）每天的开支除了记总数，还要详细记录所买物品的具体名称和数量，不要笼统地记"肉类"或"蔬菜类"，要让用户看得清楚。

（3）记完一天的开支详情，就用横线隔开，每天一栏，看起来一目了然。

（4）每天的开支都尽可能控制在预定数额，不能超支或剩余过多。既要按计划开支，又要保证每天伙食的营养质量。

（5）每到周末，要主动把账簿交给雇主看，对一周来的账目做一个小结，同时为下周的开支做好准备。

练习题

1. 分小组练习蒸煮两种主食的制作，并交流面食加工心得。

2. 分小组练习一般菜肴的烹制，熟练掌握蒸、炒、炖、拌四种烹调技法，了解不同调味品的功能。

3. 分小组竞赛原料清洗、粗加工及刀工刀法技能。

4. 熟练掌握不同食品（原料及成品）鉴别及保管的基本常识。

5. 熟练掌握一般清洁剂的功能和使用常识。

6. 熟练掌握不同地面、家具及厨房和卫生间的保洁常识。

7. 熟练掌握洗涤、晾晒和叠放衣物的正确方法。

8. 熟练掌握常用家用电器和燃具的使用常识和注意事项。

9. 采买和记账时要注意哪些事项？

第四章　　照料老人

关于老年人的年龄划分，世界各国尚无统一标准。多数国家按照世界卫生组织的规定，将 65 岁及以上的人划为老年人。

第一节　　老年人的生理、心理特点

生物都要经过生长、发育、成熟、衰老及死亡的过程，人也不例外，衰老是人生必然的过程。人老了之后，生理和心理等方面会出现许多变化，显示出明显的老化趋势。

一、老年人的生理特点

（一）外观的变化

（1）随着年龄的增长，新毛囊黑色素减少，老年人的毛发开始变白并脱落。

（2）男性老年人眉毛、鼻毛、耳毛往往过度生长；女性老年人唇及腮边的毳毛微微过度生长、变粗。

（3）由于水分减少、皮下脂肪及弹性组织减少，皮肤受肌肉牵拉而在身体表面出现皱纹，皮肤外观显得松弛、干燥、皱褶多。眼睑、耳及颊部皮肤向下松垂，下眼睑肿胀出现"眼袋"。

（4）皮肤表面出现较明显的点状或片状斑点，俗称"老年斑"或"寿斑"，以手部和脸部居多。有的老年人还可出现白斑或红色血管疣，且随着年龄的增长加重。

（5）手掌及脚底皮肤过度角化，皮茧变厚，指甲生长缓慢且发生变形。

（6）身高变矮，甚至出现驼背现象，为椎间盘萎缩、脊柱纤维弹性变小、骨质疏松和肌肉萎缩所致。男性身长平均减少2.25％，女性身长平均减少2.5％。

（7）皮下脂肪堆积导致体型和体重发生变化，男性腹部脂肪堆积明显，呈"苹果"型肥胖；女性腰部和臀部脂肪增多，呈"梨"型肥胖。75岁以后的老年人，体重逐渐下降。

（二）身体各系统功能的变化

1. 消化系统　牙齿松动，脱落；腮部凹陷，口腔闭合困难，也导致说话不清楚；肠蠕动减慢，食物中的粗纤维较少，容易出现便秘和排便困难。

2. 神经系统　脑组织逐渐萎缩，使老年人对外界事物反应能力降低，对温度变化反应不敏感，尤其对疼痛的反应较迟钝，使有些疾病的症状不容易及时发现；老年人的记忆力下降，特别是近期记忆力下降明显，老年人可能对他（她）小时候的事及青年时代的事记得很清楚，但是对刚才发生的事却发生了遗忘；由于运动和平衡觉神经细胞萎缩，多数老年人都会出现运动迟缓现象，表现为动作缓慢迟钝，走路、站立姿势不稳，抬脚困难，在突然改变体位时会发生头晕目眩症状。

3. 循环系统　老年人由于动脉硬化和血管弹性降低等原因，易出现血压升高、冠心病、下肢肿胀和痔疮等症状。另外，由于老年人的毛细血管变脆，皮肤受到轻微的碰撞就会形成皮下出血，出现淤斑和青紫。

4. 呼吸系统　老年人因肺活量下降，肺功能减弱，导致呼吸次数增多，活动增加后常感到气促，不能高声讲话。另外由于鼻腔黏膜、咽部淋巴组织萎缩，老年人比较容易感冒，鼻腔常有清涕外流。

5. 泌尿系统　由于老年人膀胱肌肉萎缩，使膀胱的容量减小，导致老年人排尿次数增加，尤其是夜尿次数增多。男性老年人因前列腺肥大，有时可出现排尿困难，严重时会出现尿潴留；女性老年人因尿道短及尿道肌肉萎缩，经常感到憋不住尿，遇有咳嗽、打喷嚏时还会造成尿失禁。

6. 生殖系统　随着衰老的进程，女性在 45～50 岁开始绝经，停止排卵，并出现性器官黏膜萎缩、腺体分泌减少等一系列变化，致使老年人常阴道干涩、瘙痒，外阴部抗感染能力减弱。男性更年期出现在 55～60 岁，此期会出现一些性格及生理上的变化，如暴躁、多疑、爱生气、出虚汗、心悸等。男性老年人精子数量逐渐减少，但大多数仍有性的要求。

二、老年人的心理特点

人进入老年期后，一般都从忙碌的工作岗位上退下来，赋闲在家，社会地位、经济收入等各方面都发生了一些变化，这会给老年人的心理带来很大的影响，加之老年人的各种生理活动的变化和衰退，影响了老年人的大脑功能而导致心理活动的衰退，使老年人在知觉、注意、记忆、思维、情绪、意志、气质、性格、信念和世界观等方面均呈现出与青年人和中年人不同的特点。老年人的心理特点主要表现在：

（一）感知觉方面

老年人的感官变化使他们对外界事物反应迟钝。如视觉改变，会出现老视（老花眼），造成视物模糊，另外还可出现白内障、角膜白翳、瞳孔对光反应减弱等；听觉也发生障碍，对高频率的声音变得不敏感，听不清别人说话，经常与别人"打岔"，答非所问，久而久之，会变得不愿与人交流，造成内心的孤独与寂寞；皮肤感觉也随之减弱，对冷、热和触觉不敏感；味觉也大大降低，吃什么都觉得食之无味。

老年人由于感觉能力下降，知觉能力也受到影响，易形成错觉，如把远处飞驰而来的摩托车看成是自行车，误以为在车子到来之前自己有足够的时间穿过马路。有时会把百元钞票看成是十元钞票等。

（二）注意力方面

老年人的注意力有明显的下降并因此给生活带来很大的影

响。有的老年人对新事物接受较慢，有些老人学习、思考时间稍长就感到疲劳，有些老人兴趣范围狭窄。

（三）记忆方面

多数老年人记忆力明显下降，经常忘记一些重要的事情，许多老年人在生活中找不到自己需要的东西，不知道自己下一步该做什么了，忘记别人的嘱托，有时甚至想不起熟人的名字。

（四）情绪方面

老年人情绪反应一般不如年轻人猛烈，对宏观事物多有正确评价，思想淡薄，心境比较平和，很少有激情发生。

（五）性格方面

多数老年人的性格呈现强化和弱化的两极变化。性格强化表现为保守、固执、刻板、急躁和孤僻等；性格弱化表现为多疑、无自信心、无自尊心和行无定律等。

第二节　老年人的饮食料理

老年人的生理变化特点，决定了其对饮食营养有特殊的要求，饮食的质与量对老年人的健康与寿命具有重要的影响。通过对老年人的饮食的特殊照顾，可以预防老年人过早衰老，减少老年性疾病的发生，维护老年人的身体健康。

一、老年人的营养需求特点

（一）热能需要量相对减少

随着年龄的增长，老年人的基础代谢逐渐下降，体力活动减少，对热能的需要量相对降低，因此应适当控制热能的供给，以防过多的热能转变成脂肪贮存于体内，造成身体的肥胖，使体重增加，心脏负担加重，进而导致动脉硬化、高血压、冠心病和糖尿病的发生。

老年人热能的主要来源应以碳水化合物为主，要经常吃一些用玉米、小米、面粉、糯米、黄豆、绿豆和赤豆等做成的食品。

（二）需要供给优质蛋白质

老年人体内的新陈代谢过程以分解代谢为主，因此膳食中应有足够的蛋白质来补充机体的消耗，以维持老年人正常的新陈代谢，增强对疾病的抵抗力。但是由于老年人消化功能和肾脏功能的减弱，对蛋白质的消化和利用能力又较差，因此，应当供给老年人适量的、生理价值较高的优质蛋白质。优质蛋白质应占蛋白质总量的50％左右。优质蛋白质主要存在于大豆、奶类、鱼类、瘦肉和蛋类等食品中。

（三）合理控制脂肪的摄入量

对老年人的脂肪的供给既不能太多也不能太少。太多既不容易消化，也对肝脏和心血管不利；太少会影响体内脂溶性维生素的吸收和饮食的制作，还会影响到老人的食欲。因此要合理控制老年人的脂肪摄入量，尽量供给含不饱和脂肪酸较多、含胆固醇较少的脂类食品。烹调时以植物油为主，减少摄入含胆固醇较多的食品，如蛋黄、动物内脏、肥肉和鱼子等。

（四）保证足够的微量元素和维生素供给

对老年人最重要的微量元素主要有钙、铁、锌和铬。

老年人对钙摄入不足可患骨质增生、高血压、动脉硬化等疾病，而对钙摄入过量则易形成肾结石。钙主要存在于虾皮、芝麻酱、牛奶、小鱼和海带中。

老年人对铁摄入不足会引起疲乏无力、反应迟钝、记忆力下降，严重的还可导致缺铁性贫血。铁主要存在于海带、芝麻酱、猪肝和河蟹中。

老年人对锌摄入不足易出现味觉和嗅觉功能降低，食欲减退，免疫功能下降，创伤不易愈合，性功能减退等。锌主要存在于瘦肉、家禽和鱼等动物性食品，以及奶制品、鸡蛋中，另外，豆角和谷类也是锌的主要来源。

铬是胰岛素的辅助因子，能激活胰岛素，降低血清胆固醇。缺铬易使老年人出现糖尿。铬主要存在某些香料如黑胡椒，以及肉、牛奶、水果和谷物中。

维生素对维持老年人的健康，增强老年人的抵抗力，促进老年人的食欲和延缓衰老等方面均有重要的作用，因此对老年人的维生素的供给量要稍多于一般成年人，尤其是维生素 A、维生素 D、维生素 E、维生素 B_1、维生素 B_2、维生素 C 等。

（五）保证摄入适量的水分

老年人对渴的反应较迟钝，特别是高龄老人。应帮助老年人养成饮水习惯。一般认为每天的饮水量应控制在 2000mL 以内。

（六）需要摄入适量的纤维素

纤维素能够促进肠道蠕动，增加消化液分泌，有利于防止便秘，减少有害物质的积留与吸收。纤维素还具有抗癌作用，习惯性便秘的老人多吃含纤维素多的食物是很重要的。纤维素主要存在于植物性食物，如新鲜蔬菜、水果和粗粮中。

二、老年人饮食的基本原则

老年人饮食应遵循营养合理全面、注重食品质量和养成良好饮食卫生习惯的原则。具体有以下几点：

（一）食物多样化，不宜偏食

五谷杂粮、畜禽蛋乳、水陆菜蔬、干鲜果品、鱼贝虾蟹和山珍海味等都要吃。豆制食品更宜多吃一些，以保证有足够的营养供给，增强身体抵抗力。

（二）饮食宜清淡

果蔬素食品味清淡，应经常食用，但清淡饮食不等于吃素，应注意荤素搭配，干稀相得，色香味俱佳，以增进食欲，促进消化。淡食也指味道，食物不宜过咸或过甜，过咸会导致血压增高，心脏负担加重；过甜则易导致糖尿病，并可导致肥胖和高脂血症。

（三）饭菜宜软烂

老年人由于牙齿磨损、松动或脱落，咀嚼能力降低，各种消化酶分泌减少，导致消化能力差。因此应该把食物切碎煮烂，如用勺子或叉子吃时可切成小块，用筷子吃时可切成丝，以便老人食用，肉可以做成肉馅或将肉的纤维横向切断，蔬菜宜用嫩叶。烹调时多采用焖、炖、蒸和汆等方法，少用煎、炸等方法，少用刺激性调味品。进食时应叮嘱老人细嚼慢咽。

（四）要少食多餐

老年人由于肝脏合成糖原的能力降低，糖原储备较少，对低血糖耐受力较差，容易感到饥饿和头晕。因此每天可安排五餐，每餐的量不宜太多，还应注意晚餐不宜过晚，尤其不宜食后就睡，以免影响食物的消化吸收。

（五）温度要适宜

老年人由于唾液分泌减少，口腔黏膜抵抗力和对温度的感受力降低，进食过热或过冷的食物易导致口腔黏膜损伤和消化不良。

（六）要细嚼慢咽

老人进食时细嚼慢咽，可促进唾液分泌，便于食物消化吸收，老人因咽喉部反应不灵敏，缓食可避免食物进入气管。患有糖尿病的老人尤应缓食，以免血糖突然升高。

（七）水分要充足

应给老年人常做一些汤、羹和菜泥之类的菜吃，既有助于消化，又可以补充水分。老人每天早晨起床后饮一杯温开水（300～400mL），可起到润肠、刺激肠蠕动的作用。

第三节　老年人的起居护理

由于老年期生理、心理的变化特点，使老年人生活节奏变慢，对日常生活的自我料理能力下降，安全隐患增多，因此需要借助他人的帮助，完成日常的生活料理和安全的维护。其内容主要包括：

一、生活起居料理

（一）生活环境的料理

（1）老年人居住的房间朝向最好是南或东南，以使屋内能够有阳光照射。但应有窗帘，避免白天光线过强，影响老人休息。

（2）老年人的房间应温湿度适宜，整洁安静。居室内应定期清扫，清扫时应用湿式清洁法，不用毛掸，以免尘土飞扬。被褥应经常晾晒，床铺保持清洁、干燥、平整、柔软。

（二）起居料理

1. 衣着选择　老年人宜选择柔软、透气性好和宽松的棉制服装。选择软面透气的宽头皮鞋或布鞋，不宜穿尖头或高跟鞋。应随天气变化适时增减衣物，并应协助老人穿脱衣服，老人衣服应做到勤洗勤换。

2. 口腔卫生

（1）对自己能刷牙的老人，家政服务人员应协助老人备好牙刷、牙膏、漱口水、毛巾、水盆等物品，协助其刷牙。

（2）对自己不能刷牙的老人，家政服务人员可准备好漱口水、棉签（棒）、塑料布和毛巾、润唇油等，帮助老人擦拭口腔，擦拭时应将牙齿各面擦到。擦拭时注意棉签（棒）不可过湿，以防发生呛咳；棉签（棒）上的棉花不可过松，以防脱落入口中造成误吸。擦拭后，给老人口唇上涂润唇油。

（3）对有活动假牙的老人，应于每天晚饭后为其取下假牙并清洗，用清洁的冷水浸泡，于次日晨协助老人戴好。对意识不清的老人，应将其活动的假牙取下，用清洁冷水浸泡保存。切记假牙不可浸泡在热水或乙醇中保存。

3. 身体清洁

（1）洗脸、洗手　备半盆清洁温水，放于床旁凳上，将毛巾浸湿后拧成半干，按眼周、额部、面颊部、鼻唇周围的顺序进行擦洗，擦毕，协助老人涂擦润肤霜于面部和手部。

（2）协助老人沐浴　根据老人的身体状况可选择盆浴、淋浴或床上擦浴等方式。沐浴时，应先将水温调节好（水温以40℃～45℃为宜），协助老人站稳或躺好，防止老人滑倒或跌伤，然后从上向下依次洗净擦干。注意保持水温，每次沐浴时间不宜过长，以免老人着凉或疲劳。

4. **睡眠护理** 在漫长的生活岁月中，老年人养成了自己的睡眠习惯，家政服务人员应对老年人的睡眠习惯给予充分的尊重，并在老人需要的时候提供帮助。还要为老人创造一个安静舒适的睡眠环境，如老人的房间要用深色的窗帘，在睡眠时遮挡室外的光线。指导老人坚持参加力所能及的日间活动，限制白天睡眠时间，最多不宜超过 1 小时，以保证夜间睡眠。室内的温度在夏季应调节为 18℃～20℃，冬季应调节为 28℃～30℃，相对湿度以 60％左右为宜。老年人的床应软硬适中、透气性好，被褥要柔软保暖。协助老人在睡前排空大小便，并控制晚间液体的摄入量，减少夜尿以利睡眠。对有夜尿习惯的老人，应于睡前在其床旁备好便器。睡前应协助老人清洁口腔，用温水洗脸，用热水洗脚等，必要时对身体受压部位进行按摩，以使老人清爽舒适。对有心事入睡困难的老人应陪伴左右，耐心倾听他们的倾诉，并给予适当的安慰，以帮助其摆脱烦恼，保证睡眠。

二、安全护理

由于衰老，导致老年人记忆力、判断力下降，视听能力衰退，应变能力降低，自我防御能力和避免伤害能力也明显减退，使得老年人发生跌倒、撞伤、走失的机会增多，因此应有针对性地加强对老年人的安全防护。

（一）家居安全护理

（1）经常告诉老年人在变换体位时（如起床、由蹲位站起等），动作不要太快，以防因身体失去平衡或直立性低血压而发生跌倒或撞伤。

（2）应穿着大小合适的鞋及长度适宜的衣裤，以维持走路时的平衡。

（3）浴室及居室内要有防滑垫，阶梯处要有扶手，避免老人在打蜡的地板上行走，以防滑倒。

（4）老人活动的空间应有良好的光线和照明设备，活动范围内不应有妨碍走动的电线及障碍物。提醒老人避免进行爬高取物或抬举重物等有危险的活动。老人的生活空间内家具摆设应相对固定。

（5）提倡老年人采用坐式沐浴，水温不宜过高，洗澡时间不宜过长，入浴或如厕时不宜锁门，以防万一出现意外时，他人难以入室抢救。

（6）在老人食用热食或热饮时，应事先对其做出提醒并嘱其稍加等待。

（7）使用热水袋时水的温度不宜过高（50℃以内），热水袋与皮肤之间应放毛巾等隔离物品以防发生烫伤；使用电热毯时应事先做好温度调节。

（二）出行安全护理

1. 出行安全　高龄老人外出时最好有人陪伴，并尽量避开上下班高峰期；应鼓励老人穿戴色彩鲜艳的衣帽，以提醒周围行人及车辆驾驶者，减少受冲撞的危险。老年人外出时应随身携带与家人的联系方式的卡片，以便在走失时能及时与家人联系。

2. 步行辅助器的安全使用　高龄或身体有残障、行动不便的老年人，可借助一些辅助器辅助活动，借以维持身体平衡，保护老人的安全。常用的辅助器有拐杖、手杖、轮椅等。

（1）使用拐杖最重要的是长度合适、安全稳妥。使用时，使用者双肩放松身体挺直站立，腋窝与拐杖顶垫间相距 2～3cm，拐杖底端应该侧离足跟 15～20cm，握紧把手时手肘应可以弯曲。使用时，使用者应穿安全不滑的平底鞋；调整拐杖，将全部螺钉拧紧、拐杖橡胶底垫靠牢底端；使用拐杖的老人应意识清楚，活动时应选择在地面干燥，无活动障碍物的地方。

（2）手杖是一种手握式的辅助用具。使用手杖时，肘部在负重时应能稍微弯曲，手柄适于抓握，弯曲部与髋部同高，手握手柄时感觉舒适。应经常检查手杖和手杖的底端，确保橡胶垫牢固于手杖的底端。

（3）轮椅经常在不能行走但能坐起的老人外出活动时使用。使用前应仔细检查轮椅各部件的性能，以保证安全。在老人上下轮椅的过程中应始终将轮椅固定好（将闸制动，同时一人在轮椅背后把持住轮椅）。协助老人穿好衣服，天冷时可用毛毯为其保暖。根据老人的活动能力，可采用扶助或搬运的方式将老人稳妥地安置在轮椅上，并将老人的双脚安放在轮椅踏板上，确定无不妥后松闸，推老人至目的地。推行中遇下坡应减速慢行，叮嘱老人抓紧扶手，过门槛时应翘起前轮，避免过大的震动，以确保老人的安全。

3. 老人就诊常识　人到老年，身体各脏器功能均有所下降，躯体方面或轻或重伴有一些慢性病，有的已经被发现，但也有许多潜在的疾病未被发现，所以应定期进行体格检查。

（1）就诊前准备　老人到医院看病，首先应备好病历本、医疗证、保健卡或合同医院的挂号证，还应准备足够的钱。如去复查，应备好以往的检查资料、化验报告单等。有心脑血管病的老人还应带上心脏病保健药盒及相关的药物，以防不测。出门前应根据季节变化，协助老人穿戴好，必要时给其戴上口罩。家政服务人员要跟随老人妥善照顾，过马路要左右看看，确定安全后再通过，乘车时要坐（站）稳，以防紧急刹车时磕碰撞伤。

（2）到医院后，先安排老人坐稳休息，再去为老人挂号。就诊时如需要，可协助老人诉说病情，告知医生老人近日的饮食、睡眠和用药等情况，留心记住医嘱。诊治完毕，先让老人坐好休息，再去交费和取药。若需要住院或医生有一些特殊嘱咐，应尽快通知其家人。

第四节　老年人用药基本常识

一、老年人常用药品的保管

老年人常患有多种疾病，因此用药的种类和途径也较复杂。

药物的储存和保管应注意如下事项：

（1）不宜在家中储存过多种类和过多数量的药物，内用药和外用药应分开，并按药物的保管要求分类放置，对遇热容易变质的药物应放在冰箱里保存（如胰岛素等）；容易挥发、潮解或风化的药物应装入瓶内并盖紧（如复方甘草片、酵母片等）。

（2）药物应放置在清洁、干燥且老人易取放的地方，并应避免强光照射。

（3）药瓶或药盒、药袋上的标签字迹要清楚。经常检查药物的有效期，不用失效或变质的药物。

二、老年人用药的基本常识

老年人由于肝脏、肾脏功能减弱，对很多药物的代谢分解速度及能力减弱，使蓄积中毒的危险性增加，因此在用药时应更为慎重。

口服药是老年人最常采用的用药方式，在协助老年人服药时，家政服务人员应掌握如下常识：

（1）服药前协助老人仔细核对医生的嘱咐，如药物的名称、剂量、服药的时间、次数等。认真检查药物的质量和有效期，若药物出现标签不清楚、变色、发霉、粘连、松散、有异味、水剂出现絮状物、非正常沉淀、超过有效期等情况都不能再给老人服用。

（2）协助老人按医嘱的要求，取出所需服用的剂量，片、丸等药放入药杯内。取水剂时应先将药水摇匀，按要求的量倒入另一小药杯内（倒溶液时应将药瓶标签向上，避免浸湿致标签模糊）；取油剂或滴剂时，先在药杯内倒入少量温开水，再用手斜持滴管将药液滴入药杯内。

（3）坚持按医嘱要求的剂量服药，不可随意增减或擅自停药。

（4）服药时应采取站立位、坐位或半坐位，防止误咽或呛咳。

（5）用温开水吞服。服药前先喝一口水以湿润口腔，药片吞服后还须多喝几口水，喝水量应不少于 100mL，以防因喝水量过少或干吞药片而造成食管、胃黏膜的损伤。不宜用茶水或其他饮料服药。

（6）每天的口服药按次数分别包好，写清服药时间，以免造成漏服或多服。

（7）在用药过程中应随时观察用药的效果和有无不良反应。

第五节　老年人常见病的应对

一、老年人患病的特点

老年人由于生理功能的一系列退行性改变，致使患病时呈现出以下特点：

（一）一人多病

老年人一般都同时患两种或更多的疾病，因而使疾病的临床表现错综复杂。如一位老年人可以同时患有动脉硬化、高血压、冠心病、糖尿病、高脂血症、白内障等相互关联的疾病。

（二）疾病症状不典型

老年人由于机体的衰老，各器官的反应性和敏感性减退，疾病的症状往往不典型。如心肌梗死较少有剧烈的心绞痛，或者疼痛的部位发生在牙床、腰背等处，只有通过心电图检查才能发现有心肌梗死。

（三）患病时病情急、进展快和并发症多

老年人心、肾和脑等各器官功能明显减退，一旦发病或治疗不及时可使疾病很快加重，也容易发生并发症，甚至危及生命。例如，原来患有慢性支气管炎、冠心病的老年病人一旦感冒，就很容易转为肺炎，诱发心力衰竭、心律失常，导致呼吸、循环衰竭。

二、老年人常见疾病的症状与预防护理

（一）高血压病

高血压病是一种病因尚未明确，对老年人的健康和生命威胁

最为严重的常见病和多发病。老年人的正常血压收缩压低于140mmHg（注：mmHg读为毫米汞柱，1mmHg＝133.322 Pa），舒张压低于90mmHg。若收缩压超过140mmHg或舒张压超过90mmHg，则视为高血压。高血压病可引起或加重心、脑和肾等重要脏器的损害，使患者抱病在床，失去生活能力，严重时危及患者的生命。

1. 原因及诱因 引起高血压病的常见因素有年龄老化、高脂血症、精神紧张、肥胖、食盐过多、有高血压病家族史等。而情绪激动、紧张兴奋、饱餐、大量吸烟、嗜酒、过度劳累和寒冷刺激等常常是引发高血压的诱因。

2. 常见症状 高血压病病程缓慢，一般初患高血压病的人多无明显自觉症状，平时仅见头晕、四肢无力，或见失眠、心悸；随着病情进展可见烦躁、头昏眼花、头痛耳鸣、心悸等；严重时表现为面红耳赤、四肢麻木、头部剧烈胀痛、疲乏无力、恶心呕吐、烦躁不安、记忆力减退、注意力不能集中等。

3. 预防护理要点

（1）适当休息，保证足够的睡眠。每天睡眠时间应不少于8小时，最好是早睡早起，切勿过度疲劳，要告诫老年人控制自己的情绪，遇事要冷静，不要过度兴奋激动，不发怒，勿悲愤。

（2）避免食用高热量、高脂肪、高胆固醇和高盐食物；另外还须少吃刺激性食物，如辣椒、酒类等，禁止饮用咖啡。

（3）提醒患高血压病的老人在医生的指导下合理用药。服药不能过量，每天督促并协助老人按时服药。家中应准备血压计，坚持每天为老人测血压1～2次，以观察血压变化，并在医生指导下，科学调整服药次数和服药量。服药期间要嘱咐老人防止直立性低血压，尤其从坐位起立时，动作要缓慢，夜间起床大小便时更要注意。

（4）叮嘱患病老人养成每天排便的习惯，保持大便通畅，避免因大便干燥，排便用力而引起血压升高。

（5）注意观察病情变化，若发现老人突然出现头痛、头晕、恶心、呕吐、视力模糊或四肢麻木等情况应立即送医院紧急救治。

（二）急性脑血管病

急性脑血管病也称脑血管意外，又叫脑卒中或中风，是急性脑部血液循环障碍造成的局部脑损害。急性脑血管病可分为缺血性脑梗死和出血性脑溢血。脑梗死一般与动脉粥样硬化有关，由于脑血管腔变窄，流往大脑的血液被阻塞，造成脑缺血，引起脑组织的软化、坏死和导致半身不遂等症。脑溢血与高血压有关，当血压突然升高，硬化的脑血管壁经不住高压的冲击就会破裂出血。

1.动脉硬化性脑梗死　又称脑血栓形成，是最常见的一种脑血管意外，其发病率在脑血管疾病中居首位，多发于60岁以上的老年人，尤其是有高血压或明显动脉硬化病史者。

（1）发病原因　由于供应脑部血液的动脉发生粥样硬化和血栓形成，使血管腔变窄、闭塞，而造成急性缺血和脑组织坏死。脑血栓形成多在深夜熟睡之时，其原因在于熟睡时血压下降，血流缓慢，在原有动脉硬化的基础上形成血栓。

（2）症状表现　发病初期，病人多有头痛、眩晕、一过性失语或肢体麻木等症状，严重时可有失语、偏瘫、视觉障碍、口角歪斜等症状，但意识大多清醒。

（3）预防护理要点：　①由于本病的根本病因是动脉粥样硬化，所以预防动脉硬化是预防本病的重要环节。平时应多吃蔬菜；忌食含胆固醇丰富的食品（如动物内脏、动物脂肪、蛋黄等）；积极治疗糖尿病、高血压等疾病。②对于脑血栓后遗症长期卧床的患者，家庭护理时应注意保暖，冷热要适宜，因为该病患者抵抗力较弱，极易感染引起并发症；宜侧卧位，以利痰液、唾液流出，保持呼吸道通畅；勤翻身，避免局部组织长期受压，促进血液循环，防止压疮发生；多活动，恢复期病人要加强患侧肢体的按摩和功能锻炼。

2. 高血压性脑出血　又称脑溢血，好发于 50 岁左右的高血压病人，大多病情严重，死亡率高。

（1）发病原因　脑出血的主要原因是高血压和脑内小动脉硬化，其次为各种出血性疾病、脑肿瘤和脑血管畸形等。血压骤升常是脑出血发生的主要诱因，所以部分病人会在清醒时因用力过度或情绪激动时发生脑出血。

（2）症状表现　病人突感头晕、头痛、肢体麻木或嗜睡等，一般发病急，突然意识丧失，颜面潮红，呼吸深而有鼾声，脉搏慢而充实，反复呕吐，并可吐出咖啡样液体，持续高热或低热。早期病人呼吸深而慢，如病情恶化则表现为快而不规则呼吸。根据出血部位不同，临床上又有不同的症状表现。

（3）预防护理要点　关键是要早期发现高血压，老年人要经常测量血压，一旦发现高血压，应坚持系统治疗，服用降压药不能时服时停；要科学安排工作、学习和休息，避免过度劳累、精神紧张、情绪激动和突然的体位改变（尤其是头部）、戒除烟酒。日常饮食应清淡，低脂肪，保持大便通畅；患有高血压病的老年人如果出现头晕、头痛、恶心、呕吐、手足麻木无力，应立即请医生诊治。

（4）家庭紧急救护　家中如有老人发生脑出血，家庭成员首先要保持镇静，并及时用电话通知医院，请急救中心来车接人送医院抢救。如因条件所限一时无法送医院者，家庭成员应对病人做如下处理：①让病人安静卧床，尽量不要搬动病人，以免增加出血量，加重病情。使病人头偏向一侧，并抬高 30°左右，避免唾液等误入气管。②保持呼吸道通畅，解开病人衣领，去除假牙，注意吸痰。家中如备有氧气袋，可马上给病人吸氧；如病人舌头后缩影响呼吸时，可用毛巾或手帕包好舌头牵出口外。③病人如有高热，可在其头部冷敷，同时也可在病人腋下等处放置冰囊或冷水袋予以降温。因为体温升高会使全身组织的耗氧量增加，不利于病情的恢复。④对神志不清的病人不能给予饮食，待病人清醒且没有吞咽困难后方可试着给病人少许流质饮食如牛奶、米汤等。如果病人已昏迷 2～3 天或吞咽困难持续存在时，应请医护人员协助给予鼻饲。⑤将病人的肢体放于适当的位置，发病后 24 小时可适当地活动一下瘫痪的肢体，或轻轻地翻动一下病人，避免长时间固定于一种姿势而引起压疮或肺炎。⑥密切观察病情，除按时测体温、脉搏、呼吸和血压外，特别要注意病人的意识变化、瞳孔的大小等，这些情况可供医生判断病情时参考。

3. 心绞痛　是冠心病的主要症状之一。

（1）发病原因及诱因　心绞痛是由于冠状动脉硬化、狭窄等，使心肌发生急剧而短暂的缺血、缺氧而引起的。情绪激动或体力活动、饱餐、受冷、吸烟等是心绞痛常见的诱发因素。

（2）症状表现　心绞痛发作时，病人面色苍白，表情焦虑，血压增高或下降、心率加快或减慢，可能有心律失常。疼痛多为突然发作的绞痛，呈压榨性闷痛。持续时间多在 3～5 分钟以内，极少超过 15 分钟，一般经休息或含服硝酸甘油后 2～3 分钟内缓解。心绞痛的发生部位以胸骨中或上 1/3 处最常见，其次为心前区压榨性剧痛，有时可放射到颈部、咽部或左肩与左臂内侧。

（3）预防与护理要点　①平时病人应尽量避免情绪激动、精神紧张、大喜大悲，保持心境平和稳定；注意加强身体锻炼，参加适当的体育活动，但应避免连续繁忙的工作或突然用力的动作；饮食上应做到"四少三多"，即少吃糖、盐、脂肪、淀粉，多吃蔬菜、水果、蛋白质；控制食量，不可过饱，少食多餐；预防感冒，保持大便通畅等。另外还要遵照医生的嘱咐服药，心绞痛发作频繁者，家中最好备有氧气枕，同时病人应随身携带"保健盒"，并学会使用"保健盒"内的药物。②心绞痛发作时，首先要停止活动，安静卧床休息，注意保暖，给予硝酸甘油片（0.3～0.6mg）或消心痛（5～10mg）含于舌下，也可选用亚硝酸异戊酯吸入。

4. 急性心肌梗死　心肌梗死，是由于心肌长期严重缺血导致部分心肌坏死，是冠心病最危险的致死原因之一。

（1）症状表现　发作前多表现为心绞痛频繁发作或程度加重，发作时最早出现及最突出的症状是胸痛，其性质和部位均与心绞痛相似，但疼痛程度剧烈而持久，伴有大汗和烦躁不安，持续时间可达数小时或数天不等，经休息和含服硝酸甘油无效；当心肌损伤严重、心肌梗死面积广泛时，病人会出现面色苍白、皮肤湿冷、脉搏微弱、血压下降、尿量减少，反应迟钝，甚至昏迷；广泛心肌梗死的早期，由于梗死后心肌收缩力减弱，病人会突然出现呼吸困难、咳嗽或烦躁等心力衰竭的表现。在发病后的1～2周内，病人常发生心律失常，尤以发病后24小时内发生率最高，也最危险。

（2）预防与护理要点　①有冠心病史的老年病人，应在医生指导下在家中备有心脏病保健药盒，并要熟练掌握使用方法，家政服务人员也应熟悉盒内药物的使用方法；在日常生活中，要叮嘱或帮助病人控制情绪，切勿激动或过劳，要尽可能预防感冒等。病人日常饮食宜清淡，多食蔬菜、水果、豆制品等食物，少食含胆固醇高的食物，如动物内脏、肥肉、巧克力等；不宜食用刺激性强的食物，如辣椒、烈性白酒等；不宜过度饱食；不饮含咖啡因的饮料，如咖啡、可乐饮料、浓茶等。②家中老人若突然发生心肌梗死，家政服务人员应做到保持自我镇定，立即让病人就地平卧或坐着休息，保持绝对安静，切勿让其再活动或搬动病人；给病人舌下含服硝酸甘油片，有条件者同时给予吸氧；立即打电话请急救中心医生到家中诊治，待处理平稳后再由医生陪同转送医院治疗；电话通知病人家属，告知情况。急性心肌梗死后的两周内是高危险期，在此阶段病人应绝对安静卧床，保持大便通畅，排便、进食、翻身及个人清洁卫生，如洗脸、擦身、漱口等，要由护理人员协助进行。病人应减少说话，谢绝亲友探视，保持情绪平稳，尽量减少体力消耗，让心脏得到充分休息；两周后如病情稳定，在征得医生同意的情况下，可以开始坐在床上或床旁椅子上，坐的时间由少到多。从第 4 周开始，征得医生同意后，病人可在室内行走，走动时间也应逐渐增加，以防过度劳累。

5. **糖尿病**　是一种由胰岛素绝对或相对不足，引起糖、脂肪、蛋白质代谢紊乱，并可继发维生素、水及电解质等内分泌紊乱的疾病。其病因不明，一般认为与病毒感染、自身免疫、肥胖等因素有关。

（1）症状表现　多尿、多饮、多食和体重减轻，即以"三多一少"为典型症状。同时可伴全身乏力、四肢麻木等症状。此类病人机体抵抗力差，所以易反复发生皮肤毛囊炎、疖肿、痈、泌尿系统感染和白内障等，严重者可发生酮症酸中毒和昏迷而危及生命。

（2）预防与护理　①要帮助老年糖尿病患者建立规律的生活制度，坚持适当的体力劳动和锻炼，以避免肥胖。要加强饮食控制，对于年长、体胖而无并发症的轻型病人，只要能控制饮食，可不需药物就能达到治疗目的。可根据医嘱给病人调配饮食，饮食量要根据病人病情和使用降糖药物的情况，在医生指导下进行调整，切忌任意加食或吃零食。糖尿病患者除了生活要有规律、饮食科学化、避免过胖外，个人卫生也很重要。病人应坚持定期洗澡更衣，预防各种感染。糖尿病人由于伤口不易愈合，当皮肤生疖肿或有外伤时应及时治疗，切勿大意，以免加重病情。病人平时应定时到医院做血糖或尿糖检查，以便及时发现问题，解决问题。②糖尿病人若突然出现多饮、食欲下降、恶心呕吐、全身疲乏无力、头昏头痛、呼吸加深、呼气带有烂苹果味，则为糖尿病酮症酸中毒的表现，应送医院及时就诊。

练习题

1. 怎样针对老年人的感觉和知觉特点来照料老年人的居家安全？

2. 在协助老年人服药时，家政服务人员应掌握哪些基本常识？

3. 老年人患病的特点是什么？

4. 老年人突发高血压性脑出血时有哪些症状表现？如在家中发病，应怎样实施紧急救护？

第五章　　孕产妇护理

第一节　　孕妇护理

妊娠是精子和卵子结合的结果。自受精卵着床之后，有一个从胎儿生长发育到胎儿娩出的将近 280 天的过程。在这段时间里，孕妇在生理、心理及身体构造上都要发生相当大的变化，了解孕妇的这些变化，有助于家政服务人员更好地做好孕妇的家庭护理工作。

一、孕妇的生理变化特点

（一）胃肠道的变化

可能出现恶心、呕吐，尤其是在早上，到怀孕 12 周左右会减轻很多；还可能出现腹胀、便秘；在妊娠中后期的第 28 周至 32 周可能出现胃上部灼热感及压迫症状。

（二）生殖器官的变化

妊娠后乳房开始变大，乳晕也变大变黑，在怀孕 6～7 个月时，有些孕妇会有初乳分泌，这些变化都是为了产后能够顺利哺乳；同时可能出现阴道分泌物增加现象。

（三）心血管系统的变化

由于子宫变大，影响静脉血回流，仰卧时孕妇可能出现低血压综合征，表现为晕眩不适；还可能出现静脉曲张，通常好发于下肢及外阴部，孕期痔疮的发生也与此有关。

（四）泌尿系统的变化

在妊娠的初期和末期，均可能出现尿频现象，属于正常现象，但妊娠过程中较易并发肾盂肾炎，表现为尿频、尿急、排尿困难，剧烈的腰痛等，此时应尽快就医。

（五）其他器官系统的变化

在妊娠 28 周之后，孕妇可能出现小腿抽筋、酸痛，大多数孕妇还会出现足踝水肿、腰酸背痛、手指关节酸麻等症状；在孕妇的腹部会出现妊娠纹、面部可能出现妊娠斑。

二、孕妇的心理变化特点

妊娠是女性一生中的一个重要经历。妊娠可以导致机体内环境的变化和身体形象的变化，孕妇需要重新安排自己的社会角色和改变自己与家庭成员之间的关系，同时作为准父母，夫妻双方还要做好迎接新生命到来的准备，并要学习怎样为人父母，重新调适夫妻感情生活等，这一系列的变化都可能对孕妇构成压力（也称应激），从而引发孕妇心理上变化。妊娠期妇女常见的心理变化主要有：

（一）矛盾

无论妊娠是否属于计划内的事，大多数女性在确定怀孕事实之初都会产生矛盾心理，缺乏为人母亲的心理准备，有的女性还会在工作、学习、经济条件与生子之间反复权衡利弊。这种矛盾心理可使妊娠女性出现心绪不佳、焦虑或抱怨等不良情绪。

（二）接受

对妊娠的接受程度受多种因素影响，如妊娠的时间、是否是计划中的妊娠、家庭的经济情况、婚姻状况和夫妻感情等。一般在妊娠中期后，随着腹部逐渐膨隆，呕吐现象减少，尤其是胎动出现，孕妇开始真正感受到"孩子"的存在，并在心理上接受妊娠的现实，表现为主动为接受新生命的到来做各方面的准备，如加强营养、注意休息、穿孕妇装、购买婴儿用品等。

（三）情绪波动

妊娠期的女性大多数表现为情绪不稳定，对周围的事情比较敏感，情感脆弱，易于激动，可能会因为极小的事情或不明原因出现强烈的情绪变化。此时尤其需要得到丈夫及其他家庭成员的关爱和理解。

三、孕妇护理工作的基本内容

（一）孕妇膳食的配制方法

胎儿在母体中孕育，营养的摄取来自母体。正所谓"儿之在胎，与母同体，母饱亦饱，母饥亦饥"。母亲营养丰富、合理，可为孩子的生长发育、智力聪慧、体魄健康打下良好的基础，同时也可以减轻妊娠初期的不适反应及减小妊娠后期某些疾病发生的可能性，也有益于促进产后乳汁分泌；母亲营养缺乏或不合理，则胎儿在宫内生长发育迟缓，将来可能生出低体重儿或胎龄小样儿，营养缺乏严重者，甚至引起早产或胎死宫内。因此在配制孕妇膳食中主要强调合理的营养素及平衡的膳食供给。总的来说，在整个妊娠期间，食物应多样化，五谷杂粮、蔬菜水果、鱼肉禽蛋，样样都要吃一些，不能偏食，还应注意体重增长的调节，需要补充足够的铁、钙、磷、锌、碘等微量元素，尽量少饮茶、咖啡，烹调中少放盐，适当运动，以促进食物的消化吸收；禁忌烟酒。另外，妊娠期妇女对食物往往有些特殊的要求，如特别喜欢吃酸的、辣的或甜的食物；有时迫切希望吃到某种食物，对此一般都应予以适当满足。

1. 妊娠早期（1～3 个月）的膳食 妊娠早期，由于胎儿生长较缓慢，孕妇对热能及各种营养素的需要量仅略有增加。在孕妇出现恶心、呕吐、厌油、厌食、嗜酸等异常反应期间，饮食宜清淡，易于消化。晨起可给孕妇吃些干的淀粉类食品，如烤馒头片、烤面包干、苏打饼干、甜饼干等。在 3 次主餐外可根据条件增加副餐 2～3 次，每餐进食量不宜过多，力争不引起呕吐。此期孕妇应多吃蔬菜水果，进食一些高营养食品，如鱼、禽、蛋等。

2. 妊娠中期（4～6 个月）的膳食 早孕反应在此时多已停止，胎儿发育增快，需要足够的热量、蛋白质和维生素。应鼓励孕妇多喝牛奶、多吃些鸡蛋（每天可吃 1～3 个）和鱼、肉、禽的瘦肉、动物肝脏，还应经常食用大豆及其制品（如豆腐、豆芽等）；新鲜蔬菜应是每天必需的营养品，每天应吃 500g 左右；若能每天供给新鲜水果 150～200g 则更为有益；为保证碘的摄入，应经常食用海带、紫菜、海鱼、虾、虾皮、鱼松等。

应注意，此期应适当控制孕妇体重，体重不可增长过快，过于肥胖会给孕妇及胎儿带来许多不良后果。

3. 妊娠末期（6 个月至分娩）的膳食　此期间的各种营养素大致与中期相同，可略增加，但由于此期正是胎儿脑细胞增殖的"敏感期"，所以更应注意补充富含蛋白质、磷脂和维生素的食品，以促进胎儿的智力发育。对脂肪和糖类食品要适当限制，以免热量过多，使胎儿长得过大，影响分娩。

此期间孕妇易出现便秘，因此应增加蔬菜、水果的摄入量。此外，这期间宜让孕妇多吃核桃、花生、芝麻、葵花子等食品，这些食品富含不饱和脂肪酸，可减小日后婴幼儿皮肤病的发病率；多吃些肝、木耳、青菜和豆豉等富含维生素 B_{12} 及叶酸的食物，可减少婴幼儿贫血症的发病率；常吃些含碘丰富的食物可减少婴幼儿痴呆症的发病率。

（二）孕妇的起居护理

1. 活动与休息　妊娠之后，健康的孕妇仍可以参加工作，做一些日常家务，但应避免重体力劳动。要保证孕妇每天有 8～9 小时的睡眠时间，并尽量安排孕妇每天有至少 30 分钟以上的午休，以保证体力的恢复。孕妇休息时，应提醒其最好取左侧卧位，因为左侧卧位可以改善子宫的血液供应，同时减轻子宫对动静脉的压迫，利于减轻下肢水肿等。应经常提醒或陪伴孕妇适当活动，散步是最佳的活动形式，其他还有步行、游泳和骑自行车等，每次运动的时间不宜过长，以孕妇不感觉疲劳为度。

2. 个人卫生　家政服务人员应协助孕妇搞好个人卫生，包括口腔卫生、洗澡、会阴部清洗、乳房护理等。

孕期应保持口腔卫生，最好在每次用餐后 3 分钟内刷牙，每次 3 分钟，要为孕妇选择小头软毛牙刷，同时要勤漱口。洗澡时最好选择淋浴，外阴清洁以清水冲洗较好（每天 1～2 次），并应勤换内裤。

协助孕妇进行乳房的护理。妊娠期，乳房逐渐增大，变重，可选用合适的乳罩将乳房兜托起来，宜选用背带较宽的大乳罩，罩杯的大小要能覆盖整个乳房；要保持乳房的清洁卫生，每天用清水清洗，也可用浴液，但不宜用肥皂，因为肥皂会洗去皮脂腺分泌物，容易使乳头发生皲裂，增加感染机会。每次清洗完毕，用毛巾擦干，在局部涂些油膏或香油，再用拇指和食指轻轻按摩乳头及周围，并将乳头轻轻向外揪，每天 2 次，每次 5～10 分钟，如此增强乳头的韧性和外突，为日后顺利授乳做准备。

3. 孕妇的衣着　衣物应松软、宽大、舒适和穿脱方便。上衣要长一些，把腹部盖住，裤子和裙子均应以松紧带束腰；应选用棉质内裤；不宜穿袜口太紧的袜子，以免影响下肢血液循环；鞋要跟脚，底有防滑纹，避免穿高跟鞋，以免跌倒或加重腰酸和腹胀。

4. 分娩前的用物准备　家政服务人员要协助孕妇及其家属在孕中期准备好分娩后产妇和新生儿所需的物品，并于产前提醒其准备好分娩所用的经费，熟悉分娩场所的交通路线、联系方法和交通工具的使用或联络方式。

（1）母亲所需物品　临产及产后用的足量消毒卫生纸和卫生巾，合适的胸罩及垫于胸罩内的小毛巾，吸奶器，洗漱用品，换洗的衣物，必要的营养补品等。

（2）新生儿所需物品　多块柔软、吸水性好的尿布；根据季节特点准备布单或绒布包被、毛巾被、毛毯和棉被等；宽大、便于穿脱的衣服及用于固定衣服的布带。还要准备手绢、围嘴及数个能消毒并标有刻度的奶瓶及奶嘴；清洁奶瓶的刷子、煮奶锅、配奶用的小匙和水杯；软性肥皂、婴儿爽身粉和浴液；脸盆、浴盆及其他洗澡用物；消毒棉签、纱布块和 75％乙醇等。

（三）孕妇的安全护理

1. 日常生活中的安全护理

（1）妊娠的早期和晚期，孕妇应尽量减少外出，尤其在疾病流行季节应避免去公共场所，外出时最好戴口罩。家中如发现有呼吸道或其他传染病患者，应注意让孕妇与之隔离，以避免发生急性病毒感染（风疹或流感等）导致流产、早产或其他意外。

（2）夏天天气炎热时，应提醒孕妇不要饮用大量凉饮料；孕妇应避免直接对着电风扇乘凉，睡觉时室内冷气不能一直开着；冬天孕妇如果整天待在有暖气的房间里，由于房间里容易发生氧气不足，要经常通风换气。

（3）孕妇有腿抽筋或静脉曲张时，应提醒其不要长时间站立，睡觉时把脚稍微垫高一些，在静脉曲张处可用紧筒短袜或紧身裤加以保护。

（4）应尽力避免妊娠后期的孕妇拿重物、向高处伸手和突然站起来等。

（5）应避免孕妇做剧烈运动或乘坐震动厉害的车子长途旅行，妊娠晚期不宜骑自行车。

（6）提醒或陪伴孕妇定期做孕期或产前检查，发现问题及时处理。

（7）孕妇家中最好不养猫、狗、鸟等宠物，也应避免让孕妇接触这些动物，因为以这些动物为媒介，孕妇容易感染弓形虫原虫，导致流产或胎儿先天异常。

2. 孕妇用药的安全护理　有些药物可以引起子宫收缩，造成流产或早产，有些药物可以通过胎盘传递给胎儿使其发生药物不良反应或中毒，还有的药物能够或者可能引起胎儿畸形。因此，家政服务人员应协助孕妇及其家人做好对孕妇用药的监管工作，以保护孕妇的安全。妊娠期间，孕妇用药应特别小心，能少用的尽量少用，能不用的坚持不用。但是如果病情需要，该用的药一定要用，以使孕妇迅速恢复健康，以利于胎儿的发育。有的妇女由于有病长期服用某种药品，妊娠后是否可继续服用，要请教医生。

（四）孕妇异常情况及紧急情况的发现与应对

1. 胎动异常　家政服务人员应提醒孕妇数胎动。数胎动是自我监测胎儿宫内状况的一种方法。自妊娠 18～20 周开始，孕妇开始有自觉胎动，正常情况下每小时 3～5 次，12 小时的胎动次数在 30 次以上，说明胎儿状况良好，如果低于 20 次则应及时去医院就诊。数胎动时，孕妇应选择安静的房间，取坐位或平卧位，集中精力，数 1 小时的胎动次数，最好是每天 3 次。

2. 其他异常情况　家政服务人员如发现孕妇有下列情况出现，应立即协助其家属将孕妇送到医院就诊。

（1）妊娠早期剧烈呕吐。

（2）严重水肿。

（3）头昏、眼花。

（4）腹部剧烈疼痛。

（5）阴道流血。

3. 分娩前的预兆　家政服务人员要了解孕妇分娩前的征兆，以便及时协助孕妇家属做好分娩前的各项准备。分娩前一般有 3 个预兆。

（1）腹部规则性阵痛　足月孕妇如果出现腹部有规则性阵痛（即子宫有规律收缩，通常间隔 6～7 分钟 1 次），休息后也不停止，且腹痛一阵紧似一阵，间隔时间逐渐缩短，疼痛持续时间愈来愈长，且逐渐加剧，则预示着即将分娩。

（2）见红　分娩前的 24～28 小时内，会有少量暗红色或咖啡色血性分泌物从阴道流出，俗称"见红"，它是分娩即将开始的比较可靠的征兆。若阴道流血量过多，且为鲜红色的，则属异常情况。

（3）破水　妊娠晚期，如果孕妇阴道突然涌出稀薄透明的水样液体，量比较多，尤其是站立时更易涌出，这是临产前胎膜早破的征象。

以上任何一个征兆出现，都说明分娩即将开始，应当做好准备，及时去医院待产。见红或破水的孕妇应保持平卧，不可随便走动。有腹部阵痛征象的孕妇，在不痛时应尽可能下地走走，以促进分娩。

第二节　产妇护理

"十月怀胎，一朝分娩"。产妇完成分娩以后，生殖器官及全身各系统进入了恢复阶段，医学上称这一时期为"产褥期"，即民间所称的"月子里"。由于妊娠和分娩所引起的母体的重大变化，要恢复到妊娠前的状态，往往需要 6～8 周，因此产褥期也就是指胎儿、胎盘娩出以后的 42～56 天以内。在这段时间内，家政服务人员应在了解产妇各种生理、心理变化基础上，协助家属安排并照顾好产妇的生活。

一、产妇的生理、心理变化特点

（一）产妇的主要生理变化特点

1. 子宫缩小，恶露排出　胎儿娩出后，子宫立即开始缩小，大约要 2 周恢复到妊娠前的大小。随着子宫的收缩复原，子宫内残存的血液、坏死的蜕膜组织和黏液等都会混在一起自阴道排出，称为"恶露"。一般血性恶露持续约 1 周时间，以后颜色逐渐变淡，称浆液样恶露，大约 2 周以后变成黏稠的白色恶露。恶露有血腥味，但无臭味，如发现恶露有臭味，属不正常情况，应及时去医院就诊。

2. 乳房开始泌乳　产后 1～2 天，乳房开始发胀、膨大，有疼痛感及触痛。此时若挤捏乳头，会有少量稀淡的初乳挤出；在产后 2～3 天乳房便开始泌乳，量逐渐增多，并逐渐由初乳转为成乳。

3. 便秘　产褥期由于腹压突然降低，肠蠕动减弱等因素，常有便秘现象发生。

4. 排尿困难　有些产妇产后可发生排尿困难，严重者不能自解小便（尿潴留）而需要导尿，尿潴留和导尿又可增加泌尿系统感染的机会。

5. 腹壁松弛　腹壁皮肤受妊娠子宫膨胀的影响，弹力纤维断裂，使腹壁松弛，在腹部留下白色妊娠纹，通常需要 6～8 周才能恢复。

（二）产妇的主要心理变化特点

产后，产妇需要从妊娠期及分娩期的不适、疼痛和焦虑中恢复，需要接纳家庭新成员和面对新的家庭结构及自身角色的变化，这些变化都会给产妇的心理上带来一定的影响，从而使其心理发生一些变化，其主要变化有：

1. 依赖感增强　产后头几天，由于身体的原因，产妇的很多需要都得需要别人来帮助满足，如对孩子的关心、喂奶、洗澡和换尿布等，还有自己的吃饭、洗漱和排便等，也都需要别人照顾。

2. 情绪不稳定　产后由于多种因素，导致其情绪不稳定，主要表现为压抑，且产妇的压抑情感往往不通过语言和行为表达，而是表现为哭泣、敏感、情绪低落、对周围漠不关心等。

3. 角色意识建立并增强　随着身体的逐渐恢复，产妇的角色意识不断增强，自觉进入母亲角色，主动承担起大量的照顾孩子的责任，有时甚至为照顾孩子而忽略了自己的身体健康。

二、产妇护理工作的基本内容

（一）产妇膳食的配制方法

产妇膳食的配制原则是食物要多种多样，荤素兼备，富于营养和易于消化。

分娩时由于失血较多，消耗掉许多能量，因此应多让产妇吃些鱼、肉、鸡蛋、动物的肝和血，菠菜等含铁量高的食物，并应补充维生素，以促进铁的吸收从而预防贫血。但应注意，鸡蛋并非越多吃越好，应适量食用，产妇每天吃 4～6 个即可。

产妇可多吃些牛奶、豆腐、鱼虾和海带等食物，这些食物中含有较丰富的钙质，产妇食用后一方面可预防骨质疏松，另一方面可增加乳汁的含钙量，从而有利于婴儿骨骼和牙齿的发育。

产妇需哺乳，排骨、猪蹄和鲫鱼等有下奶作用，可经常食用。汤类滋味鲜美，能促进食欲、补充水分和分泌乳汁，宜常喝。

产妇由于卧床较多，活动较少，加之分娩时的损伤，使产妇在排便时不敢用力，常发生便秘，因此每餐都应让产妇吃一些新鲜蔬菜（芹菜、韭菜、胡萝卜、绿豆芽、大白菜等），并应经常吃水果。

另外，各地区也有一些有益的习俗，如产妇要吃红糖，中医认为红糖有散寒作用，同时红糖还有补血、生乳、止痛的作用；山楂酸甜可口，食后能增进食欲，帮助消化，而且能兴奋子宫，可促使子宫收缩和加快恶露的排出。

在烹调产妇的膳食时，还应注意少放盐，忌冷食，尽量不用煎、炸等方法，使食物软烂、易咀嚼、易消化；在 3 次主餐外，每天还应加副餐 2～3 次。

（二）产妇的起居护理

1. 休息与活动　由于产程中的体力消耗，使产妇在分娩后常感到疲乏、困倦，故在产后 24 小时内应为产妇创造一个安静的休息环境，让产妇卧床休息。以后可扶助产妇下地，上厕所，给新生儿喂奶，换会阴垫，洗漱等。整个产褥期是身体各器官复原和恢复功能的关键时期，故应保证产妇有充分的休息和睡眠，每天睡眠时间不少于 10 小时。产妇的卧室应有充足的阳光及良好的通风条件，保持室内的清洁卫生。通风时应避免对流风直接吹在产妇身上。

在保证产妇充分休息和睡眠的同时，还应鼓励产妇早期下床活动。下床活动可促进子宫收缩，有利于恶露排出和肠蠕动的恢复，也可避免卧床不动而致的盆腔、下肢静脉血栓形成。但要避免产妇过早干重活、过久直立、取蹲位和使用腹压的活动，以防止造成阴道壁膨出和子宫脱垂。

2. 个人卫生　产后多汗，恶露外流，如不清洗，很容易发生感染，因此家政服务人员要协助产妇经常用温水淋浴（不可盆浴）或擦身，勤换内衣裤。产妇的衣物要单独清洗，大小便之后一定要洗手。同时家政服务人员还应协助产妇梳头、刷牙和洗发。

3. 乳房护理　家政服务人员应提醒并帮助产妇经常擦洗乳房，保持乳房的清洁。分娩后第一次哺乳前，用温热的湿毛巾清洁乳头和乳晕，切忌用肥皂或乙醇之类擦洗，以免引起局部皮肤干燥、皲裂。乳头处如有痂垢，先用油脂浸软后，再用温水洗净，以后每次哺乳前后用温热湿毛巾擦洗干净。每次哺乳前应轻柔按摩乳房，刺激乳汁分泌。每次哺乳应让新生儿吸空乳汁，如乳汁充足，孩子吸不完时，应用吸乳器将乳汁吸出，以免影响乳汁再生，并预防乳腺管阻塞及两侧乳房大小不一的情况发生。

4. 会阴护理　产妇应勤换会阴垫，大便后用温水清洗，保持会阴部清洁，产妇清洗会阴的水盆和毛巾等必须是专用的。如会阴部有伤口，应嘱产妇向伤口对侧侧卧。如伤口愈合不佳，可用少量高锰酸钾（配成 1：5000 的溶液）溶液清洗。

5. 排便排尿的护理　产后因卧床休息，肠蠕动减弱，加之会阴部伤口疼痛，常发生便秘。便秘时除多吃新鲜蔬菜水果，增加膳食中的纤维素外，还可用开塞露、肥皂水灌肠。如产后排尿困难，应鼓励并帮助产妇下床排尿，或置热水袋于下腹中部，也可用温开水缓缓冲洗外阴部，无效时求助医护人员进行导尿。

6. 产后锻炼　产后 24 小时，产妇即可以开始活动，应协助产妇做健身操，包括抬腿运动、仰卧起坐运动、头部和腿部同时向上翘的动作，还应做提肛运动，每天应做 2～3 次，每次 10 分钟左右，以增强腹肌、盆底肌的收缩力，消耗体内多余的脂肪，防止产后肥胖。

（三）产妇异常情况的发现与应对

产褥期的妇女经常遇到诸如恶露、会阴痛、乳房变化等情况，有的是生理变化，不必过分担心，有的则是病态，必须及早发现，及时应对。异常情况通常有：

1. 产后出血　一般产妇在分娩 24 小时后，会有少量的血性分泌物从阴道里流出来，随着时间的推移和子宫的复原，出血现象会逐渐消失。但个别产妇在产后 5～6 天，仍有较多的血液流出则属于不正常现象，这种晚期出血应引起产妇和护理人员的高度重视。引起产后出血的原因很多，当发现有出血现象时，除了注意局部卫生，预防由不卫生导致的感染外，还应及时去医院诊治。

2. 异常恶露　有的产妇排出的恶露有腐臭味，或红色、褐色恶露持续不断，说明产道或子宫可能有感染，或子宫复原不全，应及时请医生检查诊断，做出正确的处理。

3. 乳腺炎　在母乳喂养期间，由于淤乳处置不当引起化脓，或从乳头伤口进入化脓性细菌引发感染。主要症状是乳房红肿发硬，疼痛剧烈，体温升高到 38℃ 左右，严重时，积存的脓汁使乳房变软变大，有脓汁从乳头处流出。预防的方法是要经常保持乳房的清洁卫生，充分哺乳，使乳房排空。如乳房发硬或疼痛剧烈时，应尽早请医生诊治。

练习题

1. 孕妇日常生活中的安全护理主要有哪些内容？

2. 怎样判断雇主家中的孕妇即将临产？这时应协助孕妇做好哪些准备工作？

3. 家政服务人员应怎样协助产妇科学地安排饮食和起居？

第六章　　照料婴幼儿

第一节　　婴幼儿的喂养

一、婴儿喂养的基本常识和方法

婴儿喂养的方法可分为 3 种：母乳喂养、人工喂养和混合喂养。

（一）母乳喂养

母乳富含婴儿成长所需的各种营养成分，且各种营养成分搭配均匀，是其他任何一种食品都无法比拟的婴儿最佳食品。

新生儿出生后 6 小时左右即可开始吮吸母乳，以后应每 3 小时吮吸 1 次，以促进母乳尽早分泌。母乳喂养的方法是：

（1）在喂奶前先给婴儿更换尿布，并包裹舒适。

（2）用清洁毛巾蘸温开水擦洗双乳。

（3）采用正确的喂奶姿势，以坐式抱着婴儿喂奶为好。如果躺着喂奶，则应注意防止乳房堵住婴儿的鼻孔。

（4）婴儿在吮吸奶水时容易疲劳，常常吃着奶入睡，这时乳母应设法将婴儿弄醒，让其吃饱再睡。每次喂奶时间以 5 分钟为宜。

（5）喂饱后，乳母应用干净的温热湿毛巾将乳头擦净，再托住孩子背部，使其趴在自己的肩头，一只手轻拍孩子背部让其打嗝，使其胃内空气排出，以防漾奶或吐奶。婴幼儿的胃呈水平位，胃的入口贲门和胃的出口幽门几乎在同一水平线上，并且贲门比较松弛，当婴儿喝奶时喝进了空气，奶就容易随着打嗝而流出口外，即为漾奶。

（二）人工喂养

母亲没有奶或者因母亲生病及其他原因不能喂奶时，完全采用牛乳、乳制品或其他乳类、代乳品喂养婴儿，称为人工喂养。人工喂养的婴儿最常采用的是牛奶。在没有新鲜牛奶的情况下，可用全脂奶粉代替，但要按一定比例进行冲调。全脂奶粉是用鲜牛奶喷雾蒸发去掉水分制成的干粉。一般是 4kg 鲜牛奶制成 500g 奶粉，一般习惯于按容量 1：4 计算，计 1 份奶粉加 4 份水。牛奶含糖量低，故配制时应加糖，一般每 100mL 牛奶可加糖 5～8g。具体的配制方法是：

1. 洗手，备好奶粉及调配用具　调配奶粉的用具一般包括奶瓶（奶嘴、瓶盖等）、取奶粉用勺、调配用杯、凉开水、热水等。

2. 按说明书和雇主要求配制　不同年龄婴幼儿所需奶量不同，不同品牌奶粉调配方法不同，雇主的具体要求也不同。因此家政服务人员在配奶之前要详细阅读奶粉包上的说明并根据雇主的要求操作。

3. 基本调制方法　先把煮沸消毒过的配奶用具准备好，将一定量的奶粉放于杯中，用凉开水调成浓浆状，再用热水冲到总量，搅拌均匀，按要求加糖，而后用文火煮沸 3 分钟。奶粉调配好后，要及时盖好奶粉盒盖或扎好袋口，放在避光处或冰箱内收藏，然后把调配用具清洗干净（需要消毒的要及时消毒）。

（三）给婴幼儿喂奶的方法

（1）洗手。

（2）确定奶的温度与流速是否合适。检查温度的方法是将奶瓶中的奶水向自己手腕内侧的皮肤上滴几滴，不凉不烫才能喂。检查流速的方法是将奶嘴朝下，让奶水自然流出（一般以奶嘴上有 1～2 个小孔，流速 30 滴/分为宜）。流速太慢，孩子喝得费劲易于疲劳，流速太快则容易使孩子呛咳。

（3）给婴幼儿取舒适的喝奶体位。找一个安静舒适的地方坐下，把孩子抱放在膝上，使孩子的头部正好落在成人的肘窝里。

奶瓶与孩子的脸呈直角，以保证奶嘴中始终充满奶，以防奶嘴中的空气使婴幼儿发生呛咳。拿奶瓶的正确姿势如图6-1。

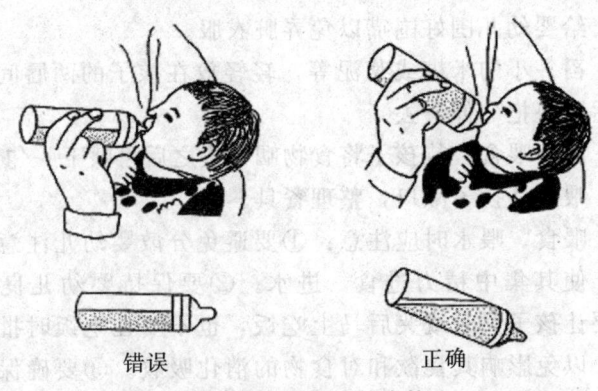

错误　　　　　　　　　正确

图6-1　拿奶瓶的姿势

（4）喂奶毕，将孩子竖着抱起，轻拍背部使其打出一个嗝，以防漾奶。

（5）每次喂奶后，应及时将奶瓶、奶嘴及其他用具清洗干净，特别要注意将瓶底和奶嘴里面的奶渍、奶块彻底刷洗干净，然后将奶具放在专用消毒奶具的锅中，用水完全浸没，煮沸消毒15分钟左右。奶嘴不耐久煮，一般煮沸5分钟就可以。待奶具冷却后，先取出镊子把奶嘴夹出放在专用的容器里，再取出奶瓶倒置晾干，用净布盖好放置于干净的地方。

（四）辅助进食、进水

婴幼儿，尤其是新生儿，由于新陈代谢较快，加之体表蒸发和呼吸蒸发的水量相对较多，故每天需要的水量多于成人的2～3倍。所以除了喂奶外，婴幼儿还需多喂水，尤其是牛奶喂养的新生儿更需要多喂水。通常在2次喂奶之间，给新生儿加喂1次水，水中可加适量白糖。婴幼儿的喂水量应根据其自身需要和外界条件来决定。

辅助婴幼儿进食、进水的方法：

（1）把孩子按正常喂奶姿势抱起来，或让孩子在固定的进食地点坐好。

（2）给婴幼儿围好围嘴以免弄脏衣服。

（3）舀一小勺米糊或菜泥等，轻轻放在孩子的两唇间，等孩子张口后顺势把勺伸进去。

（4）耐心喂食，待孩子将食物咽下去之后再喂下一勺。

（5）喂后让孩子漱口，整理餐具。

（6）喂食、喂水时应注意：①要避免分散婴幼儿注意力的事情发生，使其集中精力进食、进水。②要保持婴幼儿良好的情绪，不要让孩子哭时或哭后马上吃饭，也不要在吃饭时批评和责备孩子，以免影响其食欲和对食物的消化吸收。③要确保婴幼儿安全进餐。在孩子吃饭喝水时，不要引逗孩子发笑，不能将勺子伸进孩子嘴里太深，也不能在孩子一口没咽下去时又喂一口，以防发生呛噎危险。

（五）新生儿喂水的方法

同喂奶方法。

二、主食、辅食的常识与制作

（一）主食、辅食的基本常识

出生 4 个月以内婴儿的主食是母乳，母乳不足时可加喂牛奶，由于母乳和牛奶中维生素 A、维生素 D、维生素 K 含量不足，碘的含量也不足，故应额外补充。4 个月以后的婴幼儿主食由母乳加牛奶及谷类食物组成，此外还应添加一些辅助食物（简称辅食）来补充主食在营养方面的不足，称为添加辅食。添加辅食要根据婴儿的月龄和消化能力来决定，最低标准是"4 个月加蛋、6 个月加菜、8 个月加肉"，性质类似的食物也可以采用。给婴幼儿添加辅食的数量要由少到多（如开始加蛋黄时，每天喂1/4个），加喂的食物品种要等婴幼儿适应一种后，再加另一种。孩子对辅食的消化能力可通过大便来观察，如果大便正常，则说明孩子消化吸收能力很好，辅食添加正确；如果出现腹泻，则说明孩子消化不良，可暂停添加或减少辅食量，待大便正常后再慢慢添加。婴幼儿辅食添加顺序见表 6-1。

表 6-1　婴幼儿辅食添加顺序表

开始年龄	名　　称	每　日　量
满　月	浓鱼肝油（含维生素 A、维生素 D） 维生素 C 钙片	2 滴渐增至 5 滴 30～50mg 200～300mg
2～3 月	菜汤、果汁、果酱、米汤 鱼泥或鱼糊	3～6 匙 适量～2 汤匙
4～6 月	米糊、奶糕、稀粥 蛋黄 菜末	2 茶匙增至半小碗 1/4 个增至 1 个 适量加入糊或粥中
7～9 月	菜泥、土豆泥、胡萝卜泥 香蕉泥、菜泥粥、烂面 豆腐 饼干、烤馒头或窝头片 蒸鸡蛋羹 肉末、肝泥	2 汤匙加入粥中 2 汤匙 半小碗至 1 小碗 适量增至小块少量 1 个 适量至 1 汤匙
10～12 月	软饭、面条、鱼肉、带馅食品、豆制品、小点心、水果、鸡蛋	根据食欲及消化情况安排 2～3 顿，或加 2 次点心

（二）简单主食、辅食的制作方法

1. 菜水　将 1 碗水煮沸，加入 1 碗绿叶蔬菜，煮 5 分钟后，停火再焖 5 分钟，然后将菜叶取出，菜水中加稍许盐或糖。

2. 番茄汁　取番茄 1 个，洗干净用开水烫 2～3 分钟后取出。用清洁的手将番茄皮剥掉，将番茄放在一块清洁的纱布中，提起纱布四角，用汤匙挤压，将番茄汁挤入碗中，加少许糖和凉开水后即成。

3. 蛋黄　将鸡蛋煮熟（老）后，去掉蛋白，取出蛋黄碾碎，再用米汤或牛奶调成糊状即可。

4. 菜泥　将新鲜青菜洗净，放入沸水中煮 10～15 分钟（煮烂），然后用干净的筛过滤，除去渣滓，筛下的泥状物就是菜泥。可将菜泥放入油锅中急炒片刻加盐即可。

5. 肉末菜粥　将大米或小米淘洗干净，放在小锅内，加水用旺火烧开后，转成微火慢煮成粥。再将油倒入炒锅内，下入肉末炒散，加入葱、姜末和酱油炒匀，投入已切碎的绿叶青菜炒几下，然后将炒好的肉菜放入米粥中，稍放点盐，一同熬煮一下即成。

6. 鸡蛋面片汤　首先将适量面粉放入碗内，加入鸡蛋液和成面团，揉好擀成薄片，切成小片。再把菠菜洗净切成末，然后向锅内倒入适量的水放于火上，待水烧开后，将面下到锅里，煮熟后加入菠菜末，再加入酱油、精盐，滴入香油即可。

7. 豆腐软饭　先将大米淘洗干净，放入碗内加入清水，上笼蒸成软饭待用。然后将豆腐放入开水中煮一下，捞出切成末。将青菜择洗干净并切成末。将米饭放入一小锅中，加入肉汤一起煮，等米饭煮软后加入豆腐和青菜末，稍煮一会即可。注意：饭要软烂，菜要切碎。青菜可以是油菜、芹菜、油麦菜、生菜、大白菜等绿叶蔬菜。

8. 给婴幼儿制作主食、辅食的卫生要求　应保证操作人员的手和用具的清洁卫生，砧板和刀要生熟分开，要食用新鲜食品，并择洗干净，蔬菜要洗后再切，炒前现切，以防营养成分的丢失。

第二节　新生儿护理

自出生脐带结扎开始到生后满 28 天称为新生儿期。这一时期婴幼儿经历了解剖、生理上的巨大变化，脱离母体开始独立生活。照顾与喂养是否得当，直接关系新生儿的成长发育质量和进程。因此在有新生儿的家庭中，家政服务人员必须具备基本护理常识。

一、新生儿的居住环境

新生儿体温调节功能发育尚不完善，对外界温度变化的调节能力较差，体温易随外界环境温度变化而变化。如果过分保暖，则新生儿体温可能过高，甚至发生抽搐；如果保暖不好，则新生儿体温便会下降，容易发生皮下组织硬肿和脱水等情况。因此新生儿居室的温度，夏季应维持在 23℃～25℃，冬天应维持在 20℃左右为宜。室内应经常通风，但必须保证对流风不吹到新生儿。

二、新生儿的衣物选择

新生儿皮肤非常柔软娇嫩，抵抗力较差。棉织品易吸水，保暖性强，质地柔软，通透性好，容易洗涤，因此衣物的选择应以棉布为宜。合成纤维及尼龙面料的衣物易产生静电，贴在皮肤上会使孩子感到不适，故而不宜选用。新生儿的衣服以结带斜襟式为最好，衣服应做得稍宽大一些，以利于新生儿的活动和便于穿脱。为了避免划伤皮肤，衣服上不要钉纽扣，更不能使用别针，可以用带子系在身侧。

新生儿的衣服颜色以浅淡为宜；衣服在存放时不要放置樟脑球，以防樟脑球中的萘经皮肤渗入身体，造成新生儿脑的损害。

三、更换尿布的方法

新生儿每次的尿量较少，但次数较多，每天可达十余次，如整天将新生儿包裹在潮湿的尿布里，会很容易使其臀部发生糜烂。为保持其皮肤干爽，要做到勤换尿布，但不必尿布湿一点就换，一般

2小时换1次尿布即可。最好在2次喂奶或喂水之间换尿布。

尿布一般有2种，一种为大尿布，呈三角形；一种为小尿布，呈长条形。换尿布时，先把三角形的大尿布放在下边，再将长条小尿布放在大尿布之上，将其一起放在新生儿臀下，先把长条尿布放在婴幼儿裆内，如果是男孩，应把长出部分从腹部折下；如果是女孩，则放在后边从腰部折下垫在臀部，以便吸收尿液。然后将三角形大尿布腰部的2个对角折到婴幼儿腹部，把尿布的顶角从裆内翻上，3个角叠在一起，用绳或布带固定，随后整理好上衣，保持其平整舒服，身下再放尿不湿或塑料布（注意：塑料布不能接触到婴幼儿的皮肤）。如果单用长条尿布，则可在婴幼儿腰部系一扁平形的松紧带。

换尿布时如果婴幼儿的臀部有粪便，可用换下来的尿布轻轻擦拭干净，然后用温水洗净臀部再换尿布。女孩要从前向后洗，避免粪便污染外阴部而引起尿路感染。换下的尿布要及时清洗干净，有粪便的尿布要先用清水刷掉粪便，再用肥皂或中性洗衣粉搓洗。如果大便黄色洗不掉，可用碱水烫泡或煮沸，再用清水洗净，最后用开水烫或煮沸消毒，晒干后叠好备用。

四、日常清洁与洗澡

清洁卫生与新生儿的健康成长密切相关。每天应给新生儿用温水洗脸、手、脖子、腋下和臀部。

（一）面部清洁方法

洗脸前先洗眼部，用小毛巾蘸温水从婴幼儿眼角内侧向外侧轻轻擦，若有分泌物，可用消毒棉球蘸0.9%的氯化钠溶液或2%的硼酸溶液擦净，切勿用肥皂清洗。洗完眼部再洗脸、手、脖子等部位，用小毛巾蘸温水擦洗，擦干后在脖子、脑后等处拍一些爽身粉，以保持干燥。

（二）臀部清洁方法

婴儿每次大便后，要用温水洗净臀部。方法是：在盆中倒适量温水，将婴儿抱起放在臂上，轻轻抓住其两条腿向上抬起，使其臀部在操作者的前臂下露出，置于水盆上。操作者用另一只手取盆中温水冲洗外阴部、大腿内侧及肛门周围，再用婴儿皂轻轻擦洗，然后用温水冲净擦干，最后在上述部位涂些爽身粉。

（三）为新生儿洗澡

新生儿新陈代谢快，不断排出汗液、尿液和粪便，故应经常清洗以保持清洁舒适。一般来说，新生儿生后第 2 天就可以洗澡了，正常新生儿每天可洗澡 1 次，但在脐带未脱落前，脐部不可沾水。

1. **洗澡前的准备** 备好澡盆、婴儿专用香皂或浴液、换洗的衣服、婴儿爽身粉，需要时备 2‰～5‰ 的硼酸棉球和消毒液棉球。将尿布按使用顺序一层层摆好，大浴巾铺在床上备用。调节室温至 28℃～32℃，调节水温至 37℃～38℃，将婴儿放入浴盆前应试好水温。

2. **洗澡方法** 给婴儿脱去衣物，抱起，用一侧手臂将婴儿身体夹于腰间，使婴儿头向前、脸向上。从婴儿的身后托住其头部、肩部，将拇指和中指分开把婴儿的耳廓前推，使之堵住耳朵眼，防止水流入耳。另一手用小毛巾蘸水淋湿头发，涂婴儿浴液轻轻搓洗，用清水冲净擦干；随后将婴儿放于盆内温水中，用一手前臂托住其上身，抓住其臀部，使婴儿在盆中呈半坐姿势，用小毛巾蘸温水洗颈部、腋窝、上肢、下肢；再将婴儿翻过来，使婴儿趴在大人的前臂上，洗后背和臀部，洗法同上。洗毕将其抱出，放在已备好的浴巾上，包裹后将其从头到脚迅速擦拭干净，在腋下、腹股沟等处拍些爽身粉，肛门周围可涂少许硼酸软膏。然后快速给婴儿穿衣或包好。

3. **注意事项**

（1）遇有下列情况不宜洗澡

①婴儿皮肤有破溃、荨麻疹时，洗澡易增加感染机会。

②婴儿有腹泻、呕吐时，体内水分减少，洗澡可进一步减少体内水分，甚至造成脱水。

③婴儿空腹时洗澡，易出现虚脱，而刚吃饱后洗澡则易引发呕吐。

④婴儿生病期间不宜洗澡，此时其体质较弱，洗澡易致着凉，使病情加重。

（2）新生儿的头部，尤其是前囟和后囟处有时有一层黄褐色鳞状结痂，称为乳痂，不能用手抠掉，最好用消毒棉球蘸消毒过的植物油或用5％的金霉素软膏涂于痂处，24小时后用细梳子轻梳1～2次即可除去，除去后要用温水和婴儿浴液清洗局部。

（3）新生儿鼻腔内有黏稠分泌物时，不可用手指或其他硬物去挖取，以免损伤鼻腔黏膜，可用棉签蘸水后慢慢将分泌物擦净。

4. 脐带护理　脐带是母亲与胎儿连接的通道，胎儿出生以后，接生人员就将脐带在离新生儿肚脐1～2cm处予以结扎、切断。断脐后，脐带残端逐渐干枯变细并变黑，通常在出生后3～7天内，脐带残端会逐步脱落。由于新生儿的脐带可以直达体内血管，因此对残端的护理就显得非常重要。在新生儿出生后的当天，要注意检查包扎脐带的纱布上有无渗血，如渗血多，就应请医生检查并重新结扎止血。包扎脐带的无菌纱布要保持清洁干燥。在脐带未愈合之前，要始终把尿布放在脐以下。如果被大小便弄脏局部，要及时用75％的乙醇擦拭消毒，更换无菌纱布。一般从出生24小时起，应每天用消毒棉签蘸75％的乙醇涂擦脐根部的分泌物和血迹，以促使脐带残端早日干枯脱落。脐带脱落后有时脐窝里还有渗液，可以用消毒棉球擦干。如果脐带周围出现皮肤红肿、流脓，婴儿哭闹不安、不爱吃奶或发烧，则说明脐部有感染，应立即送医院处理。

五、新生儿粪便的观察

新生儿的粪便有其特有的性状，对粪便的观察，有助于及时了解喂养情况，及时发现并处理消化系统问题。

进食母乳的婴儿的大便呈金黄色、糊状，每天4次左右。人工喂养的婴儿，大便为淡黄色、较干，有白色小凝块，每天 2 次左右。若婴儿大便呈绿色泡沫、酸味重，且婴儿腹胀，多是由于奶或水中糖量过多，应酌情减少糖量；若婴儿的大便呈绿色、黏液状、量少、次数多，婴儿爱哭闹，可能是进食量不足，应适当增加奶量；若婴儿大便干燥，有白色硬结块，且大便臭味重，多因奶中蛋白质过多，没有完全消化，应增加米汤或减少奶量；若大便中粪便与水分开、色黄，有不消化的奶瓣，便次增多，一般为消化不良，要调整吃奶时间，做到定时吃奶，坚持 3 小时间隔时间，多饮水；若大便次数不多而水分多，蛋花汤样或黏液脓性便且有腥臭味，伴腹胀、呕吐、烦躁、哭闹，可能是肠道感染，应及时请医生诊治。

第三节　　婴幼儿的起居护理

一、给婴幼儿穿脱衣服

婴幼儿骨骼柔软，动作发展得不够协调，为其穿脱衣服时，必须掌握正确的方式方法，以免发生外伤。

（1）备好要换的干净衣服，按穿脱顺序一一放好。

（2）把婴幼儿放在合适的位置上，可使其平躺在床上、坐在床上或坐在成人腿上。

（3）先脱裤子，再脱外衣、内衣等。如果是套头的衣服，则要先脱下袖子，然后将衣服卷成一个圈，撑着领口从前面穿过婴幼儿的前额和鼻子，再穿过头的后部脱下衣服。

（4）穿衣服时，先穿上身再穿下身。如果是套头衣服，则要将衣服卷成一个圈，撑着领口，先从脑后再从前面套下来，注意别碰到婴幼儿的前额和鼻子，然后再穿袖子。

（5）给婴幼儿换好衣服后，整理环境，清洗换下来的脏衣服。

二、给婴幼儿盥洗和洗澡

给婴幼儿进行日常盥洗和洗澡可以保持其皮肤清洁卫生，为养成良好的卫生习惯打下基础。日常盥洗的内容主要有洗脸、洗手、洗脚、洗臀部和洗头等。

（一）洗脸

给婴幼儿洗脸的一般次序是：洗眼部（从内眼角到外眼角）、嘴唇周围、耳朵（耳廓和耳道口周围），最后再一起将脸洗干净。若有鼻涕，可先擤净鼻涕，再依次洗净其他部位。

（二）洗手

先用清水浸湿婴幼儿的双手，再擦香皂，将手指、指间、指甲缝、手心、手背反复轻柔搓洗，最后再用清水冲洗干净。

（三）洗脚

要先把婴幼儿的脚在温水里泡一会儿，再洗净脚心、脚背、脚趾、趾缝。

（四）洗臀部

每天都应给婴幼儿清洗臀部。为女婴清洗时，应从前向后洗（即先洗小便部位，再洗大便部位）；为男婴清洗时，应轻轻向腹壁方向捋起包皮，露出阴茎头，将污垢洗净。洗毕应擦干后再穿裤子。

（五）洗头

用左手掌托住婴幼儿的头和颈部，使其脸部向上，同时用左手拇指和中指捏住耳郭（廓）堵住耳道，防水进入。用温水和婴儿洗发液将婴幼儿的头发洗净后，及时擦干。

（六）洗澡

给婴幼儿洗澡的方法参见"新生儿护理"。

三、婴幼儿衣物及物品的洗涤、消毒方法

（一）衣物

（1）婴幼儿的衣物一定要漂洗干净，否则残留在上面的洗涤剂会对婴幼儿的皮肤造成刺激。

（2）婴幼儿的衣物不要与成人的衣物一起洗涤。

（3）不要把沾有大便的衣物与其他衣物混放在一起，并且要先将粪便除去再洗涤。

（4）沾有尿液的衣物最好先用清水冲一下，再按一般程序洗涤。

（5）尿布要与衣物分开放置，分开洗涤。洗涤方法见"新生儿的护理"。

（6）衣物常见污迹的处理方法

①奶渍　先用冷水洗涤，再用加酶洗衣粉揉搓，最后漂洗干净。

②呕吐物　洗前先将呕吐物擦掉，再按奶渍处理方法洗涤即可。

③鸡蛋渍　先将衣物放入冷水中浸泡1小时左右，再按一般方法洗涤。

④水果渍　可用苏打水先浸泡一段时间，再揉搓有水果渍的地方，最后按一般洗涤方法即可。

（二）餐具

婴幼儿的餐具主要包括奶具（奶具消毒方法参见"新生儿的喂养"）及杯、碗、勺、碟等。消毒前首先应将餐具清洗干净，然后根据家庭的习惯选用消毒方法。家庭中常用的餐具消毒方法有：

1. 煮沸消毒　用清水将需要消毒的餐具完全浸没，等水沸后计时15～30分钟。

2. 蒸气消毒　将餐具放入蒸锅中，水开后计时20～30分钟。

3. 消毒柜消毒　将餐具放入柜中，按消毒柜使用要求的时间进行消毒。

（三）盥洗用具

婴幼儿3岁左右即应开始刷牙，应选用婴幼儿专用牙刷，每次刷牙后都要将牙刷冲洗干净，1个月更换1次牙刷；漱口杯应每周用消毒液浸泡消毒1次（如"84"消毒液）；毛巾、脚巾等每次用后要清洗干净，并定期用消毒液浸泡消毒；脸盆、脚盆、澡盆等每次用后应用清水刷洗干净，视情况随时用去污粉或清洗剂擦拭。

（四）玩具、图书

婴幼儿的玩具是由各种材料制成的，如塑料、橡胶、金属、木材、棉布、绒毛等。不同材料制作的玩具有不同的消毒方法，如对塑料、金属、木制玩具可用"84"消毒液浸泡或擦拭消毒，对绒毛、棉布类的玩具可在洗净后进行日光曝晒或紫外线灯消毒；对图书的消毒方法主要是日光曝晒，凡采用日光曝晒时，物品应直接放在日光下曝晒 6 小时。

四、照料婴幼儿大小便

对于有婴幼儿的家庭来说，照料婴幼儿大小便是家政服务人员的一项重要工作。这既是对婴幼儿身体整体照料的一部分，又是帮助婴幼儿养成良好排便习惯并逐渐自理的重要基础。

（一）掌握婴幼儿大小便的规律

（1）观察婴幼儿每天大小便的大致次数、时间、颜色、气味与基本形状等。

（2）掌握婴幼儿大小便前的信号。如突然停下正在做的事情发愣、哭喊、不停地打嗝等。小便的信号没有大便明显，有的婴幼儿可能会目光呆滞、身子乱动，稍大一些的孩子能发出嘘嘘声等，这些信号需要细心观察，仔细辨别才能确定。

（二）帮助婴幼儿建立排便习惯

（1）适时"把尿"。自婴幼儿出生 2～3 个月后就可以开始"把尿"，一般可在婴幼儿睡醒后而尿布未湿时，喂奶、喂水 10 分钟后，或距上次排尿 1 个半小时左右即可进行。把婴幼儿抱起，双手把住并分开婴幼儿的两腿，同时发出"嘘嘘"声，通过条件反射刺激婴幼儿排尿。

（2）从婴幼儿出生后 5～6 个月开始，可在婴幼儿喝完奶后"把便"，或让婴幼儿坐便盆，同时发出"嗯嗯"的声音。这样天天坚持，反复进行，就可逐步使婴幼儿形成定时排便的习惯。

五、照料婴幼儿睡眠

睡眠是婴幼儿的生理需要。睡眠的质量直接影响到婴幼儿的成长发育进程，不同年龄阶段的婴幼儿有不同的睡眠时间。新生儿每天睡眠 18～20 小时，1～6 个月的婴幼儿每天睡眠 15～18 小时，7～12 个月的婴幼儿每天睡眠 13～15 小时，1～3 岁的幼儿每天睡眠约 12 小时，4～6 岁的学前儿童每天睡眠约 11 小时。婴幼儿睡眠时，体内会分泌较多的生长激素，对婴幼儿的身高、智力等都有重要的促进作用。为保证婴幼儿有良好的睡眠质量，应做的事情有：

（一）帮助婴幼儿养成按时睡觉的习惯

尽量安排婴幼儿在每天固定的时间内入睡，长此以往形成习惯，只要到了睡眠时间，婴幼儿就会产生困意而很快入睡。

（二）营造良好的睡眠环境

（1）卧室内应空气新鲜，温度适宜。可在睡前半小时开窗通风，天热时也可开窗睡觉，但注意不能使风直接吹到婴幼儿身上，以防婴幼儿受凉感冒，室温宜保持在 18℃～24℃ 之间。

（2）保持周围环境相对安静，减少噪声。尽量放轻说话的声音，将电视、音响等声音调低。

（3）婴幼儿卧室内的光线宜暗淡，避免灯光或阳光直接照在婴幼儿的脸上。

（4）不能用逼迫、威胁、吓唬的办法使婴幼儿入睡，这样既不利于婴幼儿很快入睡，也不利于其心理发育，还会使婴幼儿睡不安稳，从而影响睡眠质量。

（三）帮助婴幼儿做好睡前准备

（1）晚饭要清淡些，不宜吃得太饱。

（2）睡前不吃零食。

（3）养成睡前洗脸、洗脚、洗臀部的习惯。

（4）睡觉时穿的衣服宜宽大柔软，不宜穿着过多。

（5）睡前不宜使婴幼儿太兴奋。

六、抱、领婴幼儿的正确方法

(一) 抱婴幼儿的正确方法

对于月龄较小的婴儿，在抱的整个过程中（抱起、抱住、放下），应注意安全，掌握要领。

1. 抱起　准备抱起婴幼儿时，首先要将一只手轻轻插入到婴幼儿的颈后，以支撑起婴幼儿的头部。再将另一只手放在婴幼儿的背和臀部，以托起婴幼儿的下半身。最后双手要同时轻柔平稳地把婴幼儿抱起。

2. 抱住　把婴幼儿抱起后，顺势放在抱者的胳膊上，把婴幼儿的头部放在抱者的肘弯处，抱者的双手在婴幼儿背部和臀部处交叉重叠，托住婴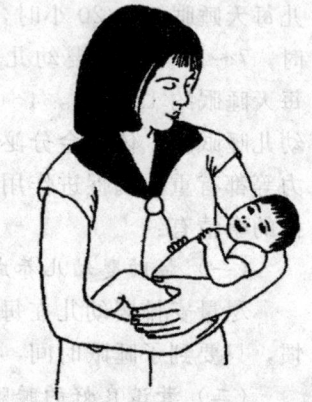

图6-2　抱孩子的正确姿势

幼儿，使婴幼儿的头部略高于身体其他部位。如图6-2所示。

3. 放下　放下婴幼儿的方法与抱起婴幼儿的方法基本相同。

当婴幼儿能很好地控制自己的头部时，就可以把双手放在婴幼儿的腋下将其抱起来，然后用一侧手臂弯曲托住婴幼儿的臀部，另一只手扶住婴幼儿的背部，将婴幼儿立着靠在抱者的肩上，或者将另一只手插入婴幼儿的腋下扶住其肩膀。

4. 注意事项

（1）抱起或放下婴幼儿时要动作轻柔，平稳缓慢。

（2）抱0～3个月的婴儿时，应注意扶好头部。此时婴儿的头部比例较大，颈肌欠发达，不能很好地控制并挺直自己的头，所以在抱起或放下婴儿时，一定要随时注意扶住其头部，防止发生意外。

（3）抱3个月以上的婴幼儿时，应注意扶好背部。此时婴幼儿的脊柱发育尚未完善，不良的抱姿易使脊柱变形，也易使婴幼儿的肌肉或韧带受到损伤。

（二）领婴幼儿的正确方法

当婴幼儿长到自己学着走路、上楼梯或上台阶时，为避免摔伤，大人要领着孩子。领时要攥住孩子的全手而不是几个手指头，大人的步子要随着孩子的步幅和速度走，而不能让孩子紧跟大人的步伐。在领着走路时，不能过分牵拉婴幼儿的胳膊或突然间使劲抖动婴幼儿的胳膊，以防发生婴幼儿关节脱臼。

七、婴幼儿的安全护理

婴幼儿时期，随着月龄和年龄的增长，婴幼儿在语言、动作和心理等方面也得到迅速发展，婴幼儿因为学会了坐、站、走，其活动的范围渐渐扩大，接触事物增多，好奇心不断增强，不安全因素也随之增多，而婴幼儿识别危险的能力还不足，致使意外伤害的发生率增高。

（一）婴幼儿安全护理原则

1. 防患于未然 家政服务人员应了解婴幼儿身心发展特点，牢固树立安全第一意识，掌握婴幼儿活动规律，培养预见与防范危险的能力。

2. 识别并及时排除活动环境中的不安全因素 家政服务人员要养成习惯，带婴幼儿在任何地点活动时，首先应检查一下婴幼儿可触及的地方是否有明显的不安全物品或设施，如有应及时移开、遮挡或注意躲避，使其远离危险。

3. 密切注视婴幼儿活动 当婴幼儿独自玩耍或与其他小朋友一起玩时，要在离孩子不远处，密切注视孩子的行为表现，一旦发现孩子有危险举动，如从婴儿车内向外爬、捡拾玻璃碴儿或小钉子、拿着小棍在其他小朋友面前挥动等，需要及时上前加以制止。

（二）不安全因素的识别与防范

1. 室内不安全因素与防范措施

（1）婴儿床没有栏杆而孩子在上面活动时，易发生坠床，此时成人应密切守护，不能离开。

（2）婴儿床的栏杆如果间距较宽，可能造成孩子跌落或卡住头颈部，要想办法减小栏杆间距。

（3）地面较滑或不太平整或有突出物，可能会绊倒婴幼儿，家政服务员可建议雇主采取措施修整或看紧孩子，随时给予保护。

（4）房间内带电装置或器械，如电插座、电线、电加热器等，婴幼儿可能触及到它们，在加强对婴幼儿不要触碰这些物品教育的同时，还应采取必要的措施，如将这些物品放在婴幼儿触及不到的地方或用家具遮挡。

（5）房间中的暖气、火炉等如没加防护罩，则婴幼儿活动时有一定的危险隐患，应及时添加防护罩，并随时看护好婴幼儿，避免其有触碰的机会。

（6）婴幼儿在爬行或行走时，可能接触到边角比较坚硬的家具或其他物体，应将其包上海绵、厚布，并避免孩子接触。

（7）婴幼儿经常使用或可能攀爬的家具，如桌、椅等，应经常检查是否结实、平滑、稳固。坏了要及时修理或移走。

（8）如果房间中的窗户离婴幼儿床很近，或窗下有可攀登之物，则易发生婴幼儿摔伤或坠落事件，此时窗户上的插销要插紧，并移走可攀爬之物品，同时要留心看护好婴幼儿。

（9）阳台上的栏杆不够高、间距较大或窗下有可攀爬之物，都对婴幼儿的安全构成危险，应避免婴幼儿独自到阳台上去玩耍；住高层建筑时，禁止抱婴幼儿在阳台或窗前向下观望，以防失手发生坠楼意外。

（10）婴幼儿的玩具应安全、无毒、无害，不能给婴幼儿玩有锋利边角、不洁、带刺、掉色、易破碎、开裂、部件易脱落、体积过小或过重、能发出刺耳声音、带有长线或细绳的玩具。

（11）易燃、易碎、锋利的用具或物品，如暖瓶、热水壶、火柴、打火机、刀、剪、针、别针等，婴幼儿不慎拿到会给其带来伤害，故应放在婴幼儿拿不到的地方；各类药品及有毒或有刺激性的化学用品，如洗发液、洗涤剂、消毒水、杀虫剂、去污粉、洁厕剂等要存放在婴幼儿拿不到的地方。

2. 户外不安全因素与防范措施

（1）婴幼儿户外活动区域内的地面如不平整，有树杈或绳索、玻璃碎片、铁皮、木屑，或有没盖好的井盖、阴沟盖，以及有坑、沟等都会给婴幼儿带来危险，因此在户外活动时，家政服务人员应首先检查婴幼儿活动的区域是否有上述不安全因素，如有应及时清除或另择它处。

（2）池塘、建筑工地、高压线、马路或车辆较多的地方是造成婴幼儿潜在危险的地方，应远离以避之。

（3）婴幼儿在户外活动时，会经常捡拾各种东西作为"玩具"，甚至会放到嘴里，如小石子、冰糕棍、废盒子、碎玻璃、小树杈、树叶等，这其中有些会给婴幼儿带来危险。应及时识别婴幼儿所捡拾之物是否安全，并教给婴幼儿基本的安全常识。

（4）推婴儿车过马路时，要走人行横道，遵守"红灯停，绿灯行"的交通规则。如果带会走路的孩子过马路，则要抱起孩子或拉紧孩子的手，按交通规则通过。

（5）乘车、乘电梯、乘地铁或在商店、公园等人员混杂的场所时要抱起孩子或拉紧孩子的手。在公共场所严禁将婴幼儿独自留在某处或交给不认识的人看管，以防孩子走失或被拐走。

（6）带孩子去游乐场所玩耍时，应选择适合婴幼儿的玩具或项目，玩耍前要充分了解该玩具或设施是否安全。

第四节　婴幼儿教育

从出生到 3 岁通常称为婴幼儿时期。这一时期既是人一生中生长和发育最迅速、变化最大的阶段，又是人的社会和心理等方面能力发展的开始阶段。环境和教育在婴幼儿的成长过程中起着至关重要的作用，照管者对婴幼儿的态度、采取的方式、方法等都会对婴幼儿的发展产生影响。通常婴幼儿身体、认识能力、情感等方面的发展是相互交织在一起的，给婴幼儿喂奶的过程，不仅满足了他的生理需要，又使他获得了情感上的满足。鼓励婴幼儿学爬，不仅促进他的动作发展，还因扩大了他的接触范围而丰富了经验，培养了探索精神。因而对婴幼儿来说，不论保育还是教育同样重要，教育应融于日常生活的照顾和护理之中。

对婴幼儿的教育内容主要包括：提高婴幼儿的感知能力，训练婴幼儿坐、爬、站、走，训练婴幼儿的语言能力，引导婴幼儿在游戏中发展智力等。

一、提高婴幼儿的感知能力

研究表明，出生 2～3 天的新生儿能在 30 分钟内形成对声音辨别的条件反射；1～2 个月的婴儿能区分人脸的正面，只要看到正面，不管陌生还是熟悉，总会发笑。孩子半岁以后，由于眼、手协调动作的发展，可以把视觉、触觉、运动觉联系起来，不仅感知某一方面的特点，而且感知事物多方面的特点，进而把握一个事物的完整性。根据这些特点，家政服务人员应协助婴幼儿的父母，有意识地采取各种方法，提高婴幼儿的感知能力。

（一）视觉训练

从孩子出生后开始，可在其头顶上方挂上简单的、单色但鲜艳的玩具，并慢慢移动或轻摇，孩子满月后，可用多种颜色的玩具吸引孩子的目光。孩子 3 个月时即可抱到窗前或户外，接触亮光，看远处。4 个月以后，孩子就可以注视亲人的活动、动作，因此可用带声响的、色彩更加鲜艳、结构更加复杂的玩具吸引孩子的注意力。随着孩子月龄的增长，可以逐渐带其接触自然界的景物，看动物，看屋中摆设、食品等。大人要逐渐地、有变换地给孩子的视野增加一些内容，以选择其生活中可能接触到的人和物为主，这些对于培养婴幼儿辨识物体的形状、大小、硬度等能力都会有帮助。

（二）听觉训练

听声音是婴幼儿识别世界和学会说话的最起码的能力。孩子出生后，可在室内放轻柔、节奏鲜明的音乐，大人也可用歌声、乐器声吸引孩子的注意力。但要特别注意不要让孩子接触过强的声音，特别是在吃饭、睡觉时，环境要安静。在孩子周围突发较强声音时，应马上堵住孩子的双耳，不要用有较强声音的玩具或其他撞击声吸引孩子，大人尤其应当注意不要猛然用较强声音训斥或恫吓孩子。

二、训练婴幼儿坐、爬、站、走

（一）婴幼儿动作发展的基本规律

总体看，婴幼儿动作的发展遵循如下规律：

1. 从上到下　婴幼儿最早发展的是头部动作，如抬头、转头；然后是躯干动作，如翻身、坐，使用手和臂，最后才学会腿和脚的动作，如直立、行走、跑、跳等。

2. 由近及远　婴幼儿最早发展的是身体中部的动作，如头和躯干的动作，然后是双臂和腿部的规律动作，最后才是腕、手和手指的精细动作。

3. 由粗到细　婴幼儿一般都是先学会运动幅度较大的动作，如全身性的舞动，腿部和手臂的大肌肉动作，然后才逐渐学会手和脚的精细动作，如使用勺子和搭积木等。

家政服务人员了解婴幼儿动作发展的一般规律，有助于协助其家人科学地训练婴幼儿发展身体的各种动作。

（二）帮助婴幼儿发展基本动作

1. 练抬头　从婴幼儿出生后 20～30 天起便可以在孩子吃奶前，每天 1 次让其在床上趴一会儿。趴的时候要把孩子的胳膊放在胸部下面。开始一般只趴 1～2 分钟即可，以后逐渐延长时间和次数。可用镜子、人脸的图画在孩子眼前逗其抬头。要随时注意孩子的反应，如抬头次数减少，就表明他累了，练习即应终止。

2. 练坐　婴儿满 6 个月时，可开始练习坐，先用被褥等作为孩子坐的靠背，然后逐渐吸引其注意力，撤走依靠物。但应注意不能让孩子过早（3～4个月）、过久地坐着，以防发生脊柱变形。

3. 练爬　爬行有助于婴幼儿全身动作的协调发展，可以增强小脑的平衡能力，因此在婴幼儿各项动作的发展中，尤其应创造条件让婴幼儿早爬、多爬。在练习抬头时，大人可用手抵住婴儿双脚，使其以腹部为支点向前爬行；还可以在一定距离之内放一个玩具吸引孩子向前爬行，当孩子快爬到放玩具处时，再把玩具移远一些，每天进行几次。当孩子会用手、膝着地爬行后，还可创造各种机会让孩子爬上（如爬枕头）爬下（钻洞等），爬进爬出，通过游戏来发展婴幼儿的爬行能力。

4. 练站　婴幼儿长到3～4个月时就可训练其腿的支持力。扶其腋下，让其脚触碰大人的腿后再将其提起做站姿。6个月时，让孩子在大人的腿上蹦跳；7～8个月时可让孩子练习用手扶物站立几秒；9个月时训练其扶着栏杆站立。

5. 练走　孩子8～9个月时，可用带轱辘的圈椅让孩子练习走路。成人也可拉着孩子的双手走几步；9～10个月时可让孩子练习独立扶着床栏杆或其他家具走，之后可以采取许多办法让孩子独立走出第一步，如可以将一条比较长的毛巾从孩子的前胸穿过两侧腋下，大人在后面轻拽着让他往前走；还可以在大人的保护下，让孩子试着独自向前走，大人可用夸赞的语调鼓励孩子。

6. 练习手的灵活性　有一双运用自如，灵活协调的双手对婴幼儿认识物体和了解世界具有非常重要的作用，所以要提供充分的条件和机会锻炼婴幼儿手的精细动作与协调能力。具体方法有：

（1）可以把色彩鲜艳或能发声的玩具放在2个月左右的婴儿伸手可及的地方，鼓励他们去触摸，去抓握玩具。

（2）婴儿4～5个月时，已能自主抓住东西，但这时是用手指和手掌抓握。成人应训练其手、眼协调和五指分开（拇指与其他四指分开拿物）的能力。可把花生米大小的馒头粒放在孩子手的虎口之间，促使其用拇指和其他手指配合。以后再练习用拇指和食指配合捏起小东西，可以将饼干或烤馒头片掰成小块，让孩子练习捏着吃。

（3）9～10个月时，可通过让婴儿练习撕纸发展手的动作。

（4）1岁左右，可以让幼儿练习把捏起的小东西放进透明的小玻璃瓶中；1岁半左右可让其学习捻起书页一页页地翻书。2岁以后，可通过让幼儿捏橡皮泥、折纸、搭积木、画画、学着解扣、脱衣、穿袜子、使用筷子等练习手的协调性与灵活性。

总之，在帮助婴幼儿发展基本动作时，家政服务人员应掌握婴幼儿动作发展的基本规律，用科学的方法实施训练。同时应注意，一定要循序渐进，不能操之过急，还要适当掌握练习时间，每次练习时间不宜过长，以孩子不感到疲劳为宜；在训练中尤应注意动作幅度不能过大，防止造成孩子肌肉拉伤或关节韧带损伤。

三、训练婴幼儿的语言能力

语言是人类交际的工具。婴幼儿掌握了语言，不仅能与人交流思想与情感，还能更好地认识事物，学习知识，发展能力。婴幼儿时期是语言发生、发展的关键时期，在这个时期与婴幼儿进行经常性的、积极的语言交流对其语言的发展具有重要意义。

（一）要尽早与婴幼儿说话

从婴幼儿2个月开始，就要多与他们说话。尽管他们此时既不能听懂又不会说，但大人并不是白费口舌，因为不断向婴幼儿发出的语言刺激不仅能锻炼他们的听力，而且多次的重复刺激，能在婴幼儿的大脑中留下印记，为他们日后理解语言和说话打下基础。

（二）伴随照料活动与婴幼儿进行语言交流

要利用照料婴幼儿吃奶、穿衣、大小便、洗澡、睡觉等一系列活动，多与婴幼儿说话。如给孩子穿衣服时可说"宝宝，来，穿衣服了，这是衣服，宝宝穿！"。这样不仅可使婴幼儿听到许多物品的名称和词汇，还可以将词与物品或具体动作联系起来加以认识。由于每天都要进行这些活动，经常练习、巩固，对促进婴幼儿的语言发展将会起到非常重要的促进作用。

（三）在讲故事、说儿歌中发展婴幼儿的语言交流能力

1岁半以后的婴幼儿，在语言的理解能力发展的同时，表达语言的积极性和能力也开始显现出来。此时婴幼儿的语言表达形式主要是简单句，如"妈妈抱"等，到2～3岁，婴幼儿已逐渐能用比较完整的句子表达自己的意思，同时还能遵照大人的语言指示去行动了，这时大人与孩子交流的重点在于利用各种机会与其交谈。其中讲故事、说儿歌是与孩子进行交流，提高他们的语言、情感交流与表达能力的主要方式之一。

1. 给婴幼儿讲故事　基本要求是：

（1）要选择与婴幼儿年龄特点相适合的图书与故事。故事内容要尽量贴近生活，如常见的家禽和家畜、常吃的水果、常用的玩具和物品等，使孩子易于理解和接受。

（2）情节要简单，故事要短小，人物要少。

（3）印刷质量要好，图像逼真，画面清晰，装订结实。

（4）讲述时要声情并茂。如给1～2岁孩子讲故事时，可多用象声词，绘声绘色地模仿各种人物、动物及环境中的各种声音，再加上一些表情、动作和手势，这样可以有效地吸引孩子的注意力。

（5）要用普通话讲述，吐字要清楚，速度要适中，每次持续的时间不宜太长（一般给1～2岁的孩子讲故事时间宜在5分钟左右，3岁左右的孩子也不要超过10分钟，因为孩子的注意力不能持续太长时间）。

2. 给婴幼儿说儿歌　具有音韵节律的儿歌易使婴幼儿留下深刻的记忆，对训练婴幼儿语言表达能力有重要的作用。给婴幼儿说儿歌时的基本要求是：

（1）应结合婴幼儿的日常活动来说，如让孩子起床时可说"太阳公公高高照，宝宝，宝宝起床了！"。

（2）配合养成好习惯来说，如在给婴幼儿喂奶、喂饭时可说："吃饭时，要坐好，慢慢吃，细细嚼"；为配合养成良好生活习惯时可说一些类似"小手帕，手中拿，有鼻涕，自己擦"的儿歌。

（3）帮助婴幼儿在说儿歌中认识事物，如"小白兔，白又白，两只耳朵竖起来，爱吃萝卜爱吃菜，蹦蹦跳跳真可爱"。

无论是给婴幼儿讲故事还是说儿歌，家政服务人员都应事先对所说的故事和儿歌有所了解，以免给孩子讲述时磕磕巴巴，影响效果。另外，给孩子阅读图书的地方应相对安静和明亮，以免分散孩子的注意力和影响孩子的视力。

四、在游戏中发展婴幼儿的多种能力

游戏其实就是玩，是孩子按照自己的想法去获得乐趣的活动。游戏对于孩子来说，是除了吃饭和睡觉以外最主要的活动内容。他们从游戏中学习和探索，通过游戏认识周围世界，学会认识和处理人与人之间的关系，可以说游戏是一种最自然、最有效的学习方式。家政服务人员应根据婴幼儿的生理和心理特点，选择合适的游戏种类和玩具，陪伴或引导婴幼儿在游戏中获得乐趣，增长见识，发展能力。

孩子在1岁前，家政服务人员可配合孩子的家人，用手摇铃、拨浪鼓、吹塑彩球等引逗孩子，使孩子在愉悦的情绪中获得感知觉、动作等方面的锻炼。

1～3岁的幼儿，各方面的能力都有所发展，有很强的好奇心，此时可选择的游戏方式也很多，比如有助于身体运动和协调性的游戏——可选一个大小合适、质地较软的皮球，让孩子拿着往某一安全地方扔，大人把球捡回来再让他扔；大人还可藏在室内安全又容易找到的地方，边叫孩子的名字，边观察孩子的表现；帮助孩子认识事物的游戏——指认身体部位，由大人发出指令，让孩子快速指自己的鼻子在哪儿？嘴巴在哪儿？还可反过来，让孩子发指令，大人做；有助于发展幼儿语言能力的游戏

——如可将一些有趣的玩具或日用杂物放进一个不透明的口袋里，让幼儿摸后说出物品的名称；培养幼儿独立生活能力的游戏——可让幼儿用勺给娃娃喂饭、穿衣服、系扣子等；有助于提高幼儿智力的游戏——如搭积木、撕纸、拼图等。

在婴幼儿玩游戏的过程中，家政服务人员应当注意：

1. 应根据婴幼儿的年龄特点选择不同的玩具和游戏方法。

2. 所选择的玩具应符合卫生要求，安全、无毒、无害，结实耐用，便于消毒和洗晒。

3. 每次游戏的时间不宜太长，以避免婴幼儿疲劳。

第五节　婴幼儿异常情况应对

一、婴幼儿异常情况的发现

异常情况是相对正常情况而言，婴幼儿的异常情况主要是指婴幼儿的精神状态、情绪反应、行为表现，以及吃、喝、拉、撒、睡等情况与以往有较大不同的现象。主要表现在：

（一）情绪异常

明显比平日爱哭闹、烦躁、发脾气、无精神等。

（二）动作异常

明显与平日不同，或特别爱动，或特别安静、不爱动等。

（三）大便异常

大便的颜色、气味、次数、形状等明显与平日不同。

（四）饮食异常

明显比平日食欲差。

这些异常情况有的仅仅是一时吃多、受惊吓，或普通感冒，鼻子不通气等所致，问题不大，而有些则是某些严重疾病或危险征兆。家政服务人员必须在工作中学会观察，经常对婴幼儿"察颜观色"，掌握婴幼儿的生活与饮食规律，做到及时发现问题，及时采取措施解决问题，从而保证婴幼儿的健康与安全。

二、婴幼儿紧急情况的发现与应对

（一）轻微外伤

1. 擦伤　主要是身体某个部位，如脸、手、腿等处的皮肤被粗糙的东西擦破，出现擦痕或小出血点等。处理方法为：先用凉水冲净伤口上的脏物，然后在伤口表面涂上红药水（红汞）即可。

2. 跌伤　由于婴幼儿天性活泼好动，协调性和自我控制能力较差，因而在活动中很容易发生跌伤。大多数跌伤只造成局部的损伤，如表皮的擦伤、渗血、出血等，处理方法同擦伤。但是如果发现孩子在跌伤后出现神情呆板、反应迟钝、面色苍白、头痛呕吐，则可能有内脏损伤或脑损伤，此时不能耽搁，应立即带孩子上医院就诊。

3. 扭伤　多发生在孩子的四肢受到外力的过度牵拉时，肌肉、韧带等软组织受到损伤，受伤部位可出现青紫色、疼痛、肿胀、关节活动不灵活等。发现孩子受伤后，应及时停止活动，向雇主反映，并根据情况送医院诊治。

4. 烫伤　婴幼儿不慎被开水烫伤后，应立即用冷水冲洗局部，如穿的衣服不易脱下时，可用剪刀剪开，采取这些应急措施后，立即送婴幼儿去医院做进一步的处理。

（二）鼻出血

鼻出血是婴幼儿比较常见的特殊部位出血。许多原因都可导致鼻出血，如鼻黏膜干燥、挖鼻孔、用力擤鼻涕、鼻外伤、各种血液病等。处理方法为：安慰婴幼儿，消除紧张情绪，并让其躺在床上，用消毒棉球或纱布塞进出血一侧的鼻孔内止血，在婴幼儿的前额和鼻部用湿毛巾冷敷。采取止血措施后 2～3 小时内不要让其做剧烈运动。如果上述处理无效，鼻出血仍然不止，应立即送婴幼儿上医院紧急处理。

（三）吞食异物

婴幼儿有时会误吞食下一些异物，如纽扣、果核、硬币、玻璃碴等。有些东西吃下后，可随大便排出来，并无大碍。此时应密切观察孩子的举动和反应。如果吃进异物后，婴幼儿表现异常难受，就应立即用手按压住心口窝下面并用力向心口窝方向挤压，将异物挤出，如无效则应立即去医院处理。

第六节　婴儿抚触

婴儿抚触是通过对婴儿皮肤的安抚触摸，提高婴儿对外界刺激的感知能力。婴儿抚触有助于增加婴儿体重，增强免疫力，改变睡眠节律，促进婴儿识别能力、运动能力的成熟；婴儿抚触还可以增进婴儿与照护者的情感交流，使婴儿获得心理上的满足，同时也有助于患病婴儿的康复。

一、婴儿抚触的方法

（一）环境准备

选择温暖安静的房间，有条件时可放一些柔和优美的音乐。

（二）时机选择

抚触时间一般安排在沐浴之后，午睡或晚上睡觉之前，宜在婴儿不太饥饿和高兴的时候进行。

（三）用物准备

毛毯、婴儿润肤油。

（四）操作前准备

抚触者洗手，将婴儿放于舒适的床上，脱去衣服。

（五）具体手法

1. 头部

（1）用两手拇指指腹从婴儿的眉间向两侧滑动。

（2）两手拇指分别从婴儿的下颌上部和下部中央向外侧、上方滑动；让上下唇形成微笑状。

（3）一手托头，用另一只手的指腹从婴儿的前额发际向上、向后滑动，至后下发际，并停止于两耳后乳突处，轻轻按压。

2. 胸部　两手分别从婴儿的胸部的外下方（两侧肋下缘）向对侧上方交叉推进，至两侧肩部，在胸部划一个大的交叉，避开婴儿的乳头。

3. 腹部　食指、中指依次从婴儿的右下腹至上腹向左下腹移动，呈顺时针方向画半圆，避开婴儿的脐部。

4. 四肢　两手交替抓住婴儿的一侧上肢从腋窝至手腕轻轻滑行，在滑行的过程中从近端向远端分段挤捏。对侧及双下肢的做法相同。

5. 手和足　用拇指指腹从婴儿手掌面或脚跟向手指或脚趾方向推进，并抚触每个手指或脚趾。

6. 背、臀部　以脊椎为中分线，双手分别放在脊椎两侧，从背部上端开始逐步向下渐至臀部。

二、注意事项

1. 确保婴儿抚触时不受外界因素干扰。

2. 婴儿疲劳、饥渴或哭闹时均不宜进行抚触。

3. 抚触前操作者需温暖双手，指甲要短，无倒刺，不戴首饰。抚触开始时手法宜轻，随后逐渐加重，以使婴儿适应。

4. 抚触各部位时，应适理使用婴儿润肤油，以起到润滑皮肤的作用。

练习题

1. 从对新生儿的粪便性状观察中，可以获得哪些有助于合理喂养新生儿的有用信息？

2. 怎样洗涤（或消毒）婴幼儿的衣物、餐具和玩具？

3. 怎样正确地抱、领婴幼儿？

4. 照看婴幼儿时，家政服务人员怎样识别和防范室内及户外的不安全因素？

第七章　照料病人

第一节　护理病人的一般常识

一、病人的心理特点及需要

患病后的个体面临着生理改变、外观受损、功能减退、长期治疗检查带来的痛苦、死亡的威胁，以及由此导致的角色转变，社交范围缩小、职业活动受限等一系列问题，因此常常出现焦虑、恐惧、敏感、悲观、孤独、抑郁等消极心理。病人共同的需要主要有：

（一）需要被尊重

由于生病使得病人在心理上既自尊又自卑，病人希望自己在患病后得到家人及亲友的重视和关心，同时又因怕自己成为家庭中的负担而常常自责。针对这种心理特点，家政服务人员应与病人家属一样，热情、友善地对待病人，为其提供尽可能使其舒适满意的照顾，使其获得自尊心上的满足。

（二）需要获得外界信息，了解自己的病情

人在生病后，在心理上都会产生比较强烈的对前途不确定的不安和恐惧，对有关自己病情的预见、治疗方案、用药目的、看病花销等众多信息会更为关注。家政服务人员应配合病人家属向病人传达一些必要的、对其康复有积极促进意义的信息，尽量解除病人的心理压力和精神负担，使其能够安心养病，早日康复。

（三）需要获得更多的安全感

生病期间，病人产生的不安全感来自于多方面，如疼痛对机体本身的威胁，病情突变时能否得到及时的发现和救治，身体活动不便所带来的潜在危险，自己是否能够随时得到及时、周到的护理等。家政护理人员应从病人的角度出发，设身处地地为病人着想，保证在病人最需要的时候及时为病人提供恰到好处的照顾和服务，不怕脏累、任劳任怨，仔细、耐心、主动、周密、科学地护理病人，配合病人家属完成繁重的照料病人工作。

二、病人饮食料理

（一）病人饮食的种类

通常将病人饮食从形态上分为以下几种：

1. 普通饮食　适用于不需限制饮食、消化功能无障碍、体温正常或接近正常以及疾病恢复期的病人。一般食物均可采用，但要注意少用油炸、辛辣等难消化、刺激性大的食物及调味品，不用过分坚硬或产气过多的食物。

2. 软质饮食　适用于低热、咀嚼不便的老人及幼儿，胃肠道功能障碍或肠道术后恢复阶段的病人。可选用的食物有馄饨、软米饭、烂面条，切碎煮烂的肉类、鱼、虾，熬烂的蔬菜，去皮去籽煮过的水果，含粗纤维较少的水果，如香蕉、橘子、苹果等。禁用煎炸食物、生冷或含纤维多的蔬菜、具有强烈的刺激性调味品。食物的突出特点是软烂。

3. 半流质饮食　适用于中等度发热、咀嚼吞咽困难（如口腔疾患、咽喉部手术后）及消化功能不良（如腹泻时）的病人。食物应做成半流质状。可选用的食物有米粥、鸡蛋羹、肉末粥、豆腐、菜泥汁等。不用油炸及刺激性调味品。病人宜少量多餐，每天5～6餐。

4. 流质饮食　适用于高热、病情危重、大手术后病人，如食管、胃肠道等大手术前后。病人所吃的各种食物均应制成流体。可用食物有米汤、牛奶、豆浆、菜汁、果汁、肉汤等。胃肠道手术后的病人不宜选用易胀气的食物，如牛奶、豆浆、含糖量过多的食物。因流质饮食能量偏少，故病人应少量多餐，每天进餐6～7次，每餐流体食物量为200～250mL。

（二）帮助病人进食

有些病人因病情所限，自己无法进食，需要家政服务人员帮助病人完成进食。

1. 进食前的准备　家政服务人员洗手，备好餐具，摆放好食物。询问病人有无大小便，如屋内有异味，应适当开窗通风，把能够影响病人食欲的物品移开。帮助病人洗手、饮水或漱口。能够坐起的病人应尽量让其坐起进食，不能坐起进食的病人，应协助其采取半坐卧位或侧卧位，并在病人颈部围上毛巾或布单。

2. 进食中的护理　给予病人的饮食温度应适宜。应向病人介绍饭菜内容，以增进病人的食欲。家政服务人员给病人喂饭时应集中注意力，要面带微笑，不要与病人过多交谈，以免引起病人呛咳。喂饭时应先将饭勺接触病人唇部，再将饭菜送入其口中，一般先给病人喂一口汤以湿润病人口腔，刺激其食欲，再慢慢喂其主食。喂汤时先让病人张大口，且适当抬头，从病人舌边缓缓倒入口中，切勿从正中直接倒入，以免呛入气管。喂饭的速度应适中，一勺不宜太满，应待病人咽下后再喂下一口。

3. 进食后的护理　喂完饭后给病人喂几口温开水，使病人感觉口内清爽。如果能够自己漱口，可让其漱口，然后用毛巾将嘴角及周围擦干净，再将餐具移开，把床铺整理好，帮助病人睡下；如果病人能够行走，饭后应扶病人适当散步后再行休息，以促进食物的消化吸收。

三、病人的起居护理

（一）晨晚间护理的主要内容

1. 晨间护理　晨间护理是每天晨起给病人进行的清洁卫生护理。目的是使病人清洁舒适，保持良好的个人形象，预防并发症的发生。护理内容及顺序为：晨起先协助病人排便，然后进行口腔护理，洗脸、洗手、梳头，帮助病人翻身，进行背部按摩，整理床铺，必要时更换衣服和床单，并酌情开窗通风换气。

给病人洗脸时，先在病床上垫上一块大毛巾或塑料布，以免弄湿被褥，把脸盆放在床边凳上。病人能自己洗漱的，家政服务人员可递给病人温湿毛巾，由病人先洗脸、洗手，再刷牙或漱口。对于自己不能洗漱的病人，家政服务人员可将毛巾缠于手上，帮助病人擦洗面部，再洗净双手，进行口腔护理。

2. 晚间护理　在病人吃完晚饭，临入睡前给病人进行的清洁卫生护理。目的是为病人创造良好的睡眠条件，使病人清洁舒适，易于入睡。护理内容及顺序为：口腔护理，洗脸，洗手，擦洗背部和臀部，热水泡脚，为女病人冲洗外阴部等。

在为女病人清洗外阴部时，应在臀下先垫好塑料布，放好便盆，然后用小壶装温水，水温以 35℃ 为宜。自会阴上部向下部冲洗，最后冲洗肛门周围，洗完用毛巾擦干。

为了帮助病人尽快入睡，并保持良好的睡眠状态，家政服务人员应调节好室内温度和光线，适当通风换气，酌情关窗，放下窗帘，为病人盖好被子。对入睡困难的病人，可根据其习惯在睡前给予热牛奶、吃少量点心等，并提醒病人睡前不要喝浓茶、咖啡等饮料。

（二）病人清洁卫生技术

1. 口腔护理　具体方法参见"老年人起居护理"的相关内容。

2. 沐浴　给病人沐浴可以达到清洁皮肤，促进血液循环，促进皮肤排泄功能，增进病人舒适度，预防皮肤感染和压疮等并发症发生的目的。沐浴的方法有淋浴、盆浴和床上擦浴等，选择时应根据病人的活动能力及体质状况而定。

（1）淋浴和盆浴　参见"老年人起居护理"的相关内容。

（2）床上擦浴　适用于病人病情较重，不能自行完成沐浴，以及病人手术后，为避免沾湿伤口造成感染等情况。

擦浴前应先调节好室温，以 24℃ 为宜。关好门窗，避免对流风。准备好所需用品，如浴巾、毛巾、浴液、香皂、换洗衣物、水盆（内盛适量 45℃～50℃ 热水）等。擦洗时，先暴露病人需擦洗的部位，等擦干盖好后，再暴露下一个部位，以防病人着凉，并可保护病人隐私，减轻其不安心理。

床上擦浴的顺序为：眼、鼻、耳、脸、手臂、腋下、胸部、乳房、腹部、背部、腿部、会阴部和脚。清洗病人手脚时，可直接将其放在水盆里浸泡，这样可增加病人的舒适感。擦洗背部后，应用50％的乙醇或红花乙醇为病人进行按摩，干后为病人穿好上衣。为病人穿脱衣服时，如果肢体有伤，脱衣时应先脱健侧，后脱患侧，穿衣时则相反。擦浴毕，整理床铺，酌情更换床单并及时清洗。

在整个擦浴过程中，应注意保持水温，动作应轻柔、敏捷，并注意观察病人的反应，如有不适应及时停止操作。

3. 头发护理　梳洗头发可除去头皮屑及尘埃，使头发清洁光亮，维护病人的自尊和自信；还可通过按摩头皮，刺激局部的血液循环，促进头发的代谢。

（1）梳头　给卧床病人梳头时，先用大毛巾或布单铺在枕头上，协助病人将头转向一侧。能坐起的病人可协助其坐起，铺大毛巾或布单于肩上。将病人的头发从中间梳向两边，一手握住一股头发，一手持梳，从上至下，由发根梳至发梢。若长发或头发打结，可将头发缠绕于指上，由发梢开始梳理，逐渐向上梳至发根；或用30％的乙醇湿润打结处，再小心梳顺，用同法梳另一侧。最后根据病人喜好，将长发编辫或扎成束。将脱落头发置于纸袋中，撤下大毛巾或布单。协助病人躺好。

（2）床上洗发　长期卧床的病人以每周洗头一次为宜。用毛毯等物卷成一个长筒，再弯成马蹄形状，放于病人床头边沿，上铺塑料布，下接污水桶。将病人头部移到马蹄形垫上，枕头上铺一大毛巾备用。在病人肩背部垫一软枕。松开病人衣领并向内折卷，在其颈部围上一条毛巾，用棉球塞住病人两侧耳朵，用小毛巾或小纱布遮盖双眼。松散头发，用温水冲洗，然后再用洗发液轻轻搓洗头发、头皮，并做适当按摩，再用清水冲净头发。洗毕，擦干头发及面部，取出耳内棉球及盖眼毛巾或纱布，取掉肩下枕头及颈下毛巾，用颈下毛巾先将头发上的水擦干，将病人移回枕上，用大毛巾进一步擦干。梳理头发，整理床铺，倒掉污水，扶助病人选择舒适卧位休息。

（三）卧床病人大小便的护理

卧床病人由于疾病的影响，不能下床自行解决大小便后的清洁问题，因此需要家政服务人员协助完成。许多病人开始很不习惯在床上大小便，有的病人为了怕给别人带来麻烦，就少吃少喝。家政服务人员应当了解病人的心理状态，用真诚的态度和热情的关怀解除病人的紧张心理。

病人如有尿意却排不出来尿时，如果病人身体情况允许，可酌情协助其取适当体位，如扶住病人略抬高上身或坐起，尽可能使其以习惯姿势排尿。也可利用一些条件反射方法诱导排尿，如让病人听流水声或用温水冲洗会阴部，还可在下腹部轻轻按摩或热敷。

病人如果完全不能坐起，家庭中最好买医用便器（包括小便器和大便器）。使用前要把便器冲洗并擦干净，冬天用前应用开水烫一下。家政服务人员应协助病人脱裤过膝，并使其屈膝仰卧，向臀下送大便器时应一手托住病人的腰及骶尾部抬起臀部，另一手将便器轻放于病人臀下，病人排尿（便）后，用手纸从上向下擦净会阴部，或用温水清洗局部。病人如腹泻，在便后洗净局部后，要用凡士林油涂抹在肛门周围以保护局部皮肤。取出便器时，家政服务人员应一手托住病人的腰及骶尾部抬起臀部，一手取出便器，切忌用力拖出便器，以免擦伤皮肤。倒大小便时应注意观察便的颜色、量和形状，若有异常应及时告诉病人的家人。

（四）压疮的预防与护理

压疮（旧称褥疮）是由于身体局部组织长时间受压，血液循环障碍，局部持续缺氧、缺血、营养不良而致的软组织溃烂和坏死。

1. 压疮的原因　昏迷病人、瘫痪病人由于不能自主活动，身体受压部位持久得不到营养供给，因此极易发生局部皮肤的溃烂和坏死，形成压疮；另外有些大量出汗、大小便失禁的病人，由于皮肤长时间被汗液和大小便刺激，使局部皮肤抵抗力降低，也会加速压疮的发生和发展；长期高热、年老体弱的病人由于全身营养缺乏，使机体抵抗力降低，也容易发生压疮。

2. 压疮的易发部位　引起压疮最基本、最重要的因素是压力，因此压疮容易发生在身体受压和缺乏组织保护、无肌肉包裹或肌肉层较薄而支持重量较多的骨突出处，如髂部、骶尾部、肩胛部、肘部、膝关节的内外侧、内外踝部、足跟部等处。

3. 压疮的危害　压疮是对卧床病人，尤其是昏迷、体质极差的病人威胁最大的并发症之一。压疮一旦发生，不但增加病人的痛苦和家庭经济负担，而且常由于压疮激发感染引起败血症而导致病人死亡。但只要护理人员具有高度的责任心，积极主动地采取各种预防措施，绝大多数压疮还是可以预防的。

4. 压疮的预防

（1）减少对局部组织的压力　间歇性解除压力是有效预防压疮的关键。经常翻身是卧床病人最简单而有效地解除压力的方法。对不能自行翻身的病人一般应每隔 2 小时为其翻身 1 次，翻身时应先将病人的身体抬起再改变位置，避免拖、拉、推等动作，以防损伤皮肤。易受压的骨突出部位可垫棉圈、棉垫或海绵垫等。对打石膏、夹板、牵引固定的病人应随时观察局部皮肤和病人的反应，及时请医务人员解决必要的问题。

（2）保护病人皮肤　可每天用温水清洁皮肤 2 次。对易出汗部位如腋窝、腘窝、腹股沟等部位应注意清洗，并适当涂些爽身粉以保持局部干爽。对大小便失禁者，应及时擦洗、及时更换，经常保持床铺的干净、平整、无渣屑。不可让病人直接卧于橡胶单或塑料布上。不可给病人使用掉瓷或破损的便器，以免擦伤皮肤。应经常为病人用温水擦浴、擦背或做受压部位的按摩。按摩时可用 50% 的乙醇或用 60° 白酒加水一半。压力要由轻到重，由重到轻循环进行，待乙醇完全挥发完为止。如局部已有红、肿、触痛等压疮的早期症状，按摩时不要在患处加力，只可在其周围轻轻按摩。

（3）加强全身营养 营养不良既是导致发生压疮的内因之一，又是直接影响压疮愈合的重要因素。对易发生压疮的病人应给予高蛋白、高热量、高维生素饮食，以增强病人的抵抗力。

5. 压疮的治疗和护理 压疮发生后应积极治疗原发病、避免局部组织继续受压、增加皮肤抵抗力、加强全身营养，同时应在医护人员的指导下，采取相应的措施进行治疗和护理。

第二节　基本医疗护理技术操作

一、体温测量方法

（一）体温表的种类及基本构造

体温表按其使用部位不同有口表、腋表和肛表三种。三种体温表均由玻璃制成，里面装有水银。水银遇热上升后达到静止的刻度即是人体的温度数值。体温表的最低值设定为35℃（读做摄氏35度），最高值设定为42℃。测体温前，首先应观察水银柱的指示刻度，水银柱应在35℃以下，如水银柱在35℃以上时，应持体温表的尾端，即42℃端，甩动手腕，将水银柱甩至35℃以下。甩表时要注意四周，避免体温表碰到周边物体而损坏。

（二）体温的正常范围

人的正常体温一般为36℃～37℃。婴幼儿的体温可比成人体温高0.5℃左右。肛温最接近人体深部组织的温度，但平时为了方便，人们一般均采用腋温和口温测量来了解人体的温度变化。

（三）体温测量方法

1. 腋下测温法 是最安全、简便、卫生的方法。测量时应检查病人腋下是否有汗液，如有应擦拭干净，再把体温表的水银端夹在病人的腋下，让病人夹紧，10分后取出读数。测温时不能隔着衣服，也不能在洗澡或冷敷后短时间内（20分钟内）进行，以免测得的体温不准确。

2. 口腔测温法　口表宜专人专用。测温前用 75％的乙醇消毒口表水银端，将口表放于病人舌下并嘱病人紧闭双唇，含住口表，5 分钟后取表读数。餐后、吸烟后、喝水后及寒冷的冬季刚从室外进入室内等情况下不宜测口温，应等待 20 分钟后再行测量。此法只适合成年无意识障碍的病人使用。

3. 肛温测量法　此法比较少用。测量方法是将肛表用 75％的乙醇消毒，在肛表水银端涂少许液体石蜡油（还可用香油、肥皂液等），慢慢将肛表水银端轻插入肛门 3cm 左右。适当用手固定肛表，3 分钟后取出，用软布或纸擦拭肛表，然后读数。用毕用 75％的乙醇消毒。

观察体温表的读数时，要用一手握住体温表的尾端，最好背光站立，使表与视线平行，并慢慢转动体温表，观察水银柱上升的刻度。然后将水银柱甩至 35℃以下，用消毒液消毒，忌用开水烫。干后放入体温表套中存放。

二、血压测量方法

（一）血压计的种类

常用的血压计有三种，即水银柱式血压计、弹簧式血压计（又称无液血压计，压力表式血压计）、电子血压计。

（二）测量血压的方法（以台式血压计为例）

测量血压前应先检查血压计的性能是否完好，有无破损等。让病人取坐位或卧位，露出一侧上肢（以右侧为宜），伸直手臂，掌心向上平放，将血压计放在与病人心脏位置同一水平上。把血压计上的水银槽开关打开，并使水银柱降至 0 点以下。驱尽袖带内气体，平整地缠于病人上臂中部，松紧以能够放入一指为宜。袖带的下缘应在肘窝上 2cm 左右，将袖带末端塞于里圈内。

戴上听诊器，在肘窝内侧摸到肱动脉搏动最明显处，将听诊器听头放于此处。一手关闭气门上的螺旋钮，然后握住充气球向袖带内打气至肱动脉搏动音消失，再充气使水银柱升高 3mmHg，慢慢放开气门螺旋钮，使水银柱缓慢下降，并注意观察水银柱所指刻度和肱动脉声音的变化。当听诊器中出现第一声搏动声，此时水银柱所指的刻度即为收缩压；当搏动声突然变弱或消失，此时水银柱所指的刻度即为舒张压。

测量结束后，排尽袖带内的气体，旋紧气门螺旋钮，将水银柱降至 0 点下，关闭水银槽开关，整理袖带，盖好盒盖，平稳放好。

安置好病人，记录血压测量结果。记录血压值时用分数式，即收缩压/舒张压 mmHg。

三、氧气袋的使用方法

氧气袋多用于家庭中抢救危重病人或在急救转运危重病人途中使用。

如果家庭中有心肺功能不全的病人或危重病人，则氧气袋内应随时充满氧气，以备应急时使用，最好备 2 个氧气袋，用后要及时充满氧气。当病人发生呼吸困难或胸闷、憋气、心慌、气短、口唇发绀时，应给病人立即吸氧。取消毒过的（或一次性）10～14 号鼻导管，检查一下是否通畅，然后用清水清洁一侧鼻孔并润滑鼻导管。与氧气袋上的导管接好后，调节氧流量，流量合适后，将鼻导管插入病人鼻孔 1cm 左右，并用胶布固定鼻导管于鼻翼旁。当氧气袋内压力降低时，可用手加压，也可在氧气袋上压一个小枕头，以利氧气流出。

使用氧气袋时应注意：氧气助燃，应远离明火，不能在有氧气处吸烟或点火等。用氧时应先调节好氧流量而后再插鼻导管。不用氧时应先拔出鼻导管而后再关闭氧气通道，以免因误操作，使大量氧气突然冲入呼吸道而损伤肺组织。

第三节　紧急救护常识

一、家庭紧急救护的基本原则

（一）掌握常用紧急呼救电话号码

（1）当家中有病人需要救治时应拨打急救中心电话：120。

（2）当发现火灾时应拨打火警电话：119。

（3）当遭遇歹徒或其他突发事件时应拨打：110。

（4）当需要查询某单位或某个人固定电话时应拨打查号台电话：114。

家政服务人员应熟知所服务家庭的详细地址、所在街道、门牌号码、家庭电话号码、雇主的电话号码，以备在紧急情况下及时联系。

（二）学会对病人情况进行初步判断

对病人情况进行初步判断应从以下几方面着手：

1. 对生命体征的测量与观察　主要是对神志、瞳孔、呼吸、脉搏、血压、体温的观察和测量。

（1）检查病人意识状态（是否清醒、嗜睡、昏迷等），观察瞳孔大小及对光反射是否正常。正常瞳孔两侧等大等圆，边缘整齐，在自然光线下，直径为 3～4mm，直径小于 2mm 或大于 5mm 均为异常。

（2）观察病人有无呼吸，其频率、节律、深浅度是否正常，气道是否通畅。

（3）观察扪桡动脉（腕上拇指侧）或颈动脉是否有搏动，耳朵贴近病人胸前听心脏是否在跳动。

（4）如有血压计，应测量病人血压，观察有无异常。

（5）测量体温，可直接用手触摸病人皮肤、感受肢体温度，观察末梢循环情况或用体温计测量体温

2. 全身检查

（1）检查病人体表有无出血。

（2）触摸病人头皮、颅骨、面部和胸部，检查有无损伤或骨折，询问病人有无疼痛等。

（3）检查病人腹部有无膨隆、包块，有无伤口出血、腹胀、疼痛等。

（4）检查病人脊柱和四肢有无畸形、压痛、肿胀等，观察病

人皮肤颜色和温度等，判断有无骨折。

二、家庭初步救护措施

（一）协助病人取合理卧位

对意识丧失者，应将其头偏向一侧，防止舌根后坠或呕吐物阻塞呼吸道引起窒息；对于急性创伤的病人，不可盲目搬动；对于一般重病人，应根据病情取舒适体位，如屈膝侧卧位，半坐卧位等，注意保暖。

（二）保持呼吸道通畅

对窒息者，要注意清除其口、咽喉和气管内的异物和痰液等。对昏迷者，要防止其舌后坠，可用干净纱布或小毛巾包住舌头并牵至口外。

（三）外伤的处理

对于各种外伤，可针对外伤部位采取包扎、止血、固定的措施。

1. 包扎

（1）根据受伤部位，选用合适的包扎用物和包扎方法。包扎用物有绷带、三角巾、多头带、丁字带等，也可利用家中的毛巾、布类物品。

（2）包扎前要进行创面的清理、消毒，以预防伤口感染。

（3）包扎时对于外露骨折或内脏器官不可随便还纳，可用大块无菌纱布覆盖，然后用碗等凹形容器扣在暴露器官上，再行包扎。

（4）包扎时要注意松紧适度，注意观察肢体末端的颜色和温度。

2. 止血　出血是许多疾病的一个急性症状，也是创伤后的主要并发症之一。对于外伤出血，首先应判断出血性质。

（1）动脉出血者，出血为搏动样喷射，呈鲜红色。

（2）静脉出血者，血液从伤口持续涌出，呈暗红色。

（3）毛细血管出血者，血液从伤口渗出或流出，量少呈红色。如果病人有心悸、口唇苍白或紫绀、四肢冰凉、头晕无力等症状，说明其出血量在 500mL 以上。

止血的方法很多，其中最简单、有效的临时止血方法是加压包扎止血法。采用此包扎法时，局部用生理盐水冲洗，消毒，用无菌纱布加压包扎，包扎后抬高伤肢。此法一般用于较小创口的止血。其他止血方法还有指压止血法、抬高肢体止血法、屈肢加压止血法、堵塞止血法、止血带止血法等，可根据当时条件和病人情况加以选择。

3. 固定　对于骨折、关节严重损伤、肢体挤压和大面积软组织损伤的伤病员，应采取临时的固定方法，以减轻其痛苦、减少并发症、方便运送。

（1）颈椎骨折的病人重点应限制其头部的活动，可用枕头或沙袋等物品固定在伤者头的两侧。

（2）病人胸或腰椎部骨折时，应使病人平卧于硬质担架或木板（门板）上，用带子固定躯体，限制其转动。

（3）各骨折部位的周围软组织、血管、神经可能有不同程度的损伤，或有体内器官的损伤，此时应先处理危及生命的伤情，如心肺复苏、止血包扎等，然后再行固定。

（4）如果受伤部位出现畸形，不可随意矫正拉直，以防出现新的危险。

（四）现场心肺复苏

心脏骤停后，机体内处于缺氧状态，其中大脑对缺氧最为敏感，大脑细胞耐受缺氧时间仅为 4～6 分钟。因此对心脏骤停者及时的现场救治是挽救病人生命，提高抢救成功率的关键。心肺复苏是指心跳或呼吸骤停者在开放气道下进行人工呼吸和胸外心脏按压，将带有新鲜空气的血液运送到全身各处，尽快恢复自主呼吸和循环功能。具体方法为：

1. 病人呼吸、心脏骤停的判断　如果病人突然出现意识丧失、对轻拍、呼叫无反应，颈动脉或股动脉触摸时无搏动，伴有呼吸停止、瞳孔散大、皮肤苍白或紫绀、伤口不出血等，即可判定病人心跳、呼吸骤停。

2. 心前区叩击　抢救者右手握空心拳，距病人胸壁20～25cm，垂直向下叩击胸骨下段1～2次，以促使心脏复跳。

3. 保持呼吸道通畅　在紧急呼叫他人前来协助抢救的同时，迅速将病人去枕仰卧在平地或硬板上，解开病人衣领、裤带，清除口腔、咽部及呼吸道内异物，头向后仰，上提下颌，开放气道。

4. 口对口人工呼吸　抢救者用一手拇指和食指捏紧病人鼻孔，避免漏气，另一手托住下颌，深吸气后将口唇严密包紧病人口部，用力吹气，见胸部起伏为有效。吹气毕，松开捏鼻手指，使其胸廓复位呼出气体。成人14～16次/分。

5. 胸外心脏按压　抢救者站或跪于病人一侧，左手掌根部置于胸骨中、下1/3交界处，右手掌压在左手背上，双肘关节伸直，利用身体重量，垂直向下用力按压，使胸骨下陷3～4cm，按压频率为80～100次/分。人工呼吸与胸外心脏按压应同步进行，如果是一人操作时，呼吸与按压的比例为2：15，二人操作时比例为1：5。

6. 复苏结果判断　有效的指标为可触及大动脉（颈动脉、股动脉等）搏动，散大的瞳孔缩小，发绀改善，甚至出现自主呼吸。

7. 在不间断抢救的同时，送医院做进一步救治。

三、煤气中毒的急救与护理

（一）中毒原因及表现

引起煤气中毒的原因很多，如使用煤炉不当，煤的燃烧不完全，煤炉没有安装烟囱或烟囱漏气、倒风等。如果门窗紧闭，室内通风不良，就会使有毒的一氧化碳气体积聚于室内，引起煤气中毒。由于一氧化碳气体是无色、无味气体，即使室内空气中该气体的含量已超过正常范围，也不易被察觉，因此容易造成中毒。

中毒轻的病人可感到头痛、头晕、心悸、恶心、四肢无力、严重者可有呕吐、抽搐、大小便失禁、昏迷等。中毒较深的病人面部及口唇可出现樱桃红色，但在短时间内吸入高浓度的一氧化碳时，面色可呈苍白或青紫色。

（二）初步急救与护理

发现煤气中毒病人后，首先要把病人转移到室外空气流通的地方，使病人吸入新鲜空气，排出一氧化碳，但要注意保暖。症状轻者，可给喝热浓茶，不但可抑制恶心，且有助于减轻头痛，头痛严重者，可给服用去痛片，一般1～2小时即可恢复，不必上医院。症状严重者，有恶心、呕吐、神志不清甚至昏迷的，应及时送医院抢救。护送途中要尽可能清除病人口中的呕吐物及痰液，有活动假牙的要取出，将病人头偏向一侧，以免呕吐物阻塞呼吸道引起窒息和吸入性肺炎。有条件的可给病人吸氧。病人有呼吸不匀或呼吸微弱时，可进行口对口人工呼吸。如果病人呼吸、心跳都已停止，也要在现场先做人工呼吸和胸外心脏按压，不能轻易放弃抢救，在送医院途中，仍要坚持抢救。

四、电击的急救与护理

（一）电击的原因及表现

导致电击的原因很多，主要原因是人们缺乏安全用电知识，违章进行用电操作，如接触磨损了的电线，用湿布擦灯口，或在电线上晾晒衣服，自行安装电器插座、电灯，将未加防护罩的插座电门设置在婴幼儿能摸到的地方。有的人雷雨天在树下或高大建筑物旁避雨，在山野高地上奔跑，或站在家中窗口、灯下或距离电器太近等；意外事故也是造成电击伤的一个原因，如工作环境差或没有采取安全保护措施等；另外各种灾害如火灾、水灾、地震、暴风雨等造成电线断裂或高压电源故障等均可引起电击伤。

遭受电击后的反应及表现可因电压大小、时间长短、人体接触部位的电阻值大小和通过人体的途径不同而表现各异。

1. 局部表现

（1）低压电引起的损伤，可有较小的伤口，一般不损伤内脏。

（2）高压电引起的损伤，可有电流进口、出口和经过处的组织损伤。

2. 全身表现

（1）轻症　遭电击后，病人可表现惊恐、头晕、心悸、面色苍白、四肢无力，休息后可恢复，不留后遗症。

（2）重症　病人可出现持续性抽搐、昏迷、心室颤动、休克，甚至呼吸、心跳停止，如得不到及时抢救，可在数分钟内死亡。

（二）初步急救与护理

首先应迅速切断电源，如关闭电源开关、拉闸、拔去插头。如不可能关闭电闸断电，则应迅速用干燥的木棍、竹竿、塑料棒、皮带等不导电的东西挑开电线，千万不能用手直接去拉触电者，因为此时触电者的身体呈带电状态，会使抢救者也遭受电击。对于电击后反应较轻者，解救后不宜立即移动，可就近平卧休息一会儿，同时注意观察变化，如不出现异常情况，一般可很快恢复正常；对心跳、呼吸停止的触电者，必须在现场立即进行心肺复苏术，并在头部放置冰袋降温，身体注意保温，有条件者应给予吸氧。在送医院的途中也应坚持抢救。

五、中暑的急救与护理

中暑是由于高温环境或烈日曝晒，引起人的体温调节中枢功能障碍、汗腺功能衰竭和水、电解质丢失过多、代谢失常的一种急性疾病。

（一）中暑的原因和表现

高温环境是导致中暑的主要原因。人在高温（室温超过35℃）、高湿度、通风不良的环境中，或者在热源强辐射下，长时间从事繁重的体力劳动和剧烈运动，过分暴露在烈日下而又缺少必要的防暑降温措施，均可发生中暑。老年人、儿童、体弱多病者、产妇等由于久居室内，空气不流通，室温高、空气湿度大、衣着厚、出汗反应能力差，也容易发生中暑。

中暑后典型的表现是在高温环境下大量出汗、口渴、头昏、疲乏无力、胸闷、烦躁、心悸、恶心、注意力不集中，继而出现高热、面色潮红、皮肤灼热、晕厥甚至昏迷等症状。重症中暑根据不同的分型还可有不同的表现。

（二）初步急救与护理

家中如发现有中暑的病人，首先应判断病情轻重，并将病人迅速撤离高温环境，移到阴凉通风或装有空调的房间。轻症者平卧休息，松解或脱去衣服，用冷水擦拭皮肤，或打开电风扇，以加速散热。给病人口服含盐清凉饮料或人丹、十滴水、藿香正气水等，也可用清凉油、风油精擦拭太阳穴、合谷穴等处。对高热病人可用冰袋冷敷头部、颈部、腋窝和腹股沟。重症者应迅速转送到医院救治。在去医院的途中，应保证运送车内的通风，途中应继续给病人采取降温措施，同时要严密观察病人的病情变化。

六、急性中毒的急救与护理

日常生活中由于各种原因，人接触了有毒物质，造成机体生理功能发生了严重障碍，我们称之为中毒。引起中毒的物质很多，如某些药物（安眠药、麻醉剂等）、农药（有机磷农药等）、化学物质（强酸、强碱、亚硝酸盐及灭鼠药、樟脑球、乙醇等）、被病原微生物和寄生虫污染的食物以及毒蕈（毒蘑菇）、刺激性气体、强烈的噪声等。一定量的毒物在短时间内突然进入机体，迅速引起不适症状，产生一系列病理生理变化，甚至危及生命，称为急性中毒。急性中毒起病急骤，症状严重，变化迅速，必须给予及时救治才能挽救生命。

（一）急性中毒的救护原则

（1）对心跳、呼吸骤停者应首先行心肺复苏。

（2）立即终止接触毒物。

（3）迅速查明原因，明确诊断，估计中毒程度。

（4）尽快排除尚未吸收的毒物，阻止毒物的进一步吸收。

（5）对已吸收的毒物需尽快选择有效药物中和毒素，促进排泄。

（6）积极采用支持疗法，纠正体液、酸碱失衡和电解质紊乱等，保护重要脏器。

（二）急性中毒的初步救护措施

（1）迅速判断毒物的种类和进入人体的途径。如怀疑食物中毒，应保留剩余食物、病人的呕吐物；对神志不清的病人，应检查其身边有无药瓶、药片、药袋和特殊气味等，并将药瓶等收好以备医院送检。

（2）如果是经皮肤吸收的毒物，应迅速给病人脱去被污染的衣服，用大量清水（微温即可）冲洗皮肤，包括体表、毛发及甲缝等处。水温不可过高，防止血管扩张，加速毒物吸收。

（3）如果是经呼吸道吸收的毒物，应迅速将病人移至通风处，并保持呼吸道通畅。

（4）如果是经口进入的毒物，除对消化道具有腐蚀性（如服浓硫酸、浓盐酸、火碱等）或病情不允许者外，一般应立即采取催吐。催吐的方法适用于神志清醒且能合作的病人。让病人先饮温开水 300～500mL，然后用手指或压舌板、筷子等压迫舌根部或刺激咽后壁引起呕吐，如此反复进行，直至胃内容物完全呕出为止。在做上述处理的同时，应做好去医院进一步抢救的准备。后续的清除毒物措施包括洗胃、导泻、灌肠等。最好在 6 小时之内洗胃，但 6 小时之后洗胃仍属必要。

（5）立即运送病人去医院接受紧急救治。

第四节　　常见传染病的家庭护理

传染病是一种人与人之间或由昆虫、动物传染给人的疾病。

隔离是将传染病病人安置在避免与周围人群接触的地方，借以达到控制传染源，切断传染途径，保护易感人群不受感染的目的。

一、常见传染病的隔离种类及隔离措施

由于各种传染病的病原体排出人体的途径和传染的方式不同，所以隔离的方法也不同。常见传染病的隔离种类有：

（一）严密隔离

适用于经飞沫、分泌物、排泄物直接或间接传播的烈性传染病，如霍乱、鼠疫、非典型性肺炎等。隔离的主要措施有：

（1）患者应住单人房间，关闭门窗，室内用具力求简单且易消毒，患者禁止出房间，他人禁止探访。

（2）接触患者时，必须戴好口罩和帽子，穿隔离衣和隔离鞋，必要时戴橡胶手套。

（3）患者的分泌物、呕吐物和排泄物应严格消毒处理。

（4）污染敷料装入密封袋后送焚烧处理。

（5）室内空气及地面用消毒液喷洒或用紫外线灯照射消毒，每天 1 次。

（二）呼吸道隔离

主要用于防止通过空气中飞沫传播的传染病，如肺结核、流感、流脑、百日咳等。隔离的主要措施有：

（1）病人居室应尽量远离其他人的居室。

（2）病室门窗应关闭，患者离开病室须戴口罩。

（3）他人进入患者房间须戴口罩。

（4）患者的口鼻分泌物须经消毒处理后方可丢弃。

（5）室内空气用紫外线灯照射或过氧乙酸喷雾消毒，每天 1 次。

（三）肠道隔离

适用于由病人的排泄物直接或间接污染了食物或水源而引起传播的疾病，伤寒、细菌性痢疾、甲型肝炎等。隔离的主要措施有：

（1）患者的用品、书报或食品等要与健康人分开使用。

（2）患者的食具、便器应专用，严格消毒，剩余的食物或排泄物均应消毒处理后再倒掉。

（3）室内应有防蝇设备，并做到无蟑螂、无鼠。

（4）接触污染物时应戴手套。

（四）接触隔离

适用于经体表或伤口直接或间接接触而感染的传染病，如破伤风、梅毒、淋病等。隔离的主要措施有：

（1）接触患者时须戴口罩、帽子、手套、穿隔离衣。

（2）护理人员的手或皮肤有破损者应避免接触患者，必须接触时要戴橡胶手套。

（3）被患者污染的敷料应装密封袋后做焚烧处理。

（五）血液隔离

主要用于预防直接或间接接触血液或体液传播的传染病，如乙型肝炎、艾滋病等。隔离的主要措施有：

（1）接触病人血液时应戴口罩、手套，必要时戴护目镜。

（2）注意洗手，若手被血液、体液污染或可能污染，应立即用消毒液洗手。

（3）被患者血液或体液污染的物品，应装入密封袋后做消毒或焚烧处理。

（4）被患者血液或体液污染的室内物品，立即用高效化学消毒剂消毒。

家政服务人员服务的家庭中，如有被确诊的传染病人，应根据医嘱安排病人住院或在家隔离，并应按照传染病隔离的种类和隔离的方法进行隔离。

二、家庭隔离和护理

感冒多是在过度疲劳、睡眠不足、着凉、雨淋、忽冷忽热或身体抵抗力低的条件下，感冒病毒或细菌进入人体内形成的；流感是特异的流感病毒在人群中间互相传播，造成某些家庭成员或与之接触的人群患病。感冒的症状一般较轻，常有头昏、嗓子疼等，一般治疗 3～5 天就会痊愈；流感的症状较重，可突然发冷、发高烧、剧烈头痛、眼眶痛、全身肌肉和关节痛，也有鼻塞、流鼻涕、咳嗽等症状，一周左右才能好转。对感冒和流感多采用对症治疗的方法。在初期可及时吃些感冒冲剂、银翘解毒丸等中成药或金刚烷胺等西药。如果有头痛、发热，可以按药物使用说明加服解热止痛片等。症状严重者要及时去医院就诊。

护理及预防要点：

（1）得了感冒或流感之后，主要应注意休息，多喝水，吃营养丰富易消化的食物。病人居住的房间要定时用食醋或乳酸等熏蒸消毒，并应定时通风。

（2）平时要加强锻炼，增强体质。在感冒、流感流行期间尽量不要到人多拥挤的公共场所，不到患流感的病人家中串门。不要轻视感冒的症状，因为许多疾病一开始都可出现类似感冒的症状，要密切注意感冒症状的变化，如有异常，要及时到医院检查治疗，以免贻误病情。

练习题

1. 怎样帮助病人进食？

2. 对于长期卧床的病人，应采取哪些措施预防其发生压疮？

3. 常用的紧急呼救电话号码有哪些？

4. 雇主家中如有人突然发病或发生紧急情况，应立即采取哪些初步救治措施？